皮肤镜图像分析与识别

谢凤英 **编著**
姜志国 **主审**

电子工业出版社
Publishing House of Electronics Industry
北京·BEIJING

内 容 简 介

本书系统地介绍了皮肤镜图像处理的基础理论和关键技术,注重涵盖当前的最新研究方法,总结皮肤镜图像分析与识别领域的发展动态。全书共 8 章,第 1 章为概述,介绍皮肤镜的工作原理、皮肤镜图像处理的发展现状和未来趋势;第 2 章和第 3 章为皮肤镜图像的预处理部分,包括皮肤镜图像的质量评价、皮肤镜图像增强复原中用到的预处理方法;第 4~8 章涵盖了皮肤镜图像的分割、皮损目标的特征提取和分类识别,以及基于卷积神经网络的皮肤镜图像分析等内容。

本书将图像处理的基本理论、模式识别方法与皮肤镜图像分析应用相结合,内容系统,重点突出。本书是国内少有的关于皮肤镜图像分析与识别的著作,适合从事该领域研究的科技工作者及工程技术人员阅读参考。

未经许可,不得以任何方式复制或抄袭本书之部分或全部内容。
版权所有,侵权必究。

图书在版编目(CIP)数据

皮肤镜图像分析与识别/谢凤英编著. —北京:电子工业出版社,2022.6
ISBN 978-7-121-43713-7

Ⅰ. ①皮… Ⅱ. ①谢… Ⅲ. ①皮肤病-镜检-数字图像处理 Ⅳ. ①TP391.413

中国版本图书馆 CIP 数据核字(2022)第 097586 号

责任编辑:许存权
印　　刷:三河市华成印务有限公司
装　　订:三河市华成印务有限公司
出版发行:电子工业出版社
　　　　　北京市海淀区万寿路 173 信箱　邮编:100036
开　　本:720×1 000　1/16　印张:14.75　字数:350 千字
版　　次:2022 年 6 月第 1 版
印　　次:2022 年 6 月第 1 次印刷
定　　价:98.00 元

凡所购买电子工业出版社图书有缺损问题,请向购买书店调换。若书店售缺,请与本社发行部联系,联系及邮购电话:(010)88254888,88258888。
质量投诉请发邮件至 zlts@phei.com.cn,盗版侵权举报请发邮件至 dbqq@phei.com.cn。
本书咨询联系方式:(010)88254484,xucq@phei.com.cn。

前言

皮肤镜是一种观察活体皮肤表面以下微细结构及色素的无创性显微图像分析技术，它是皮肤癌早期诊断的有效工具，同时也是其他多种皮肤疾病的一种常规检查手段，有关皮肤镜图像处理的研究与开发正日益受到生物医学工程和计算机视觉工作者的重视。作者从事皮肤镜图像分析领域相关的科研工作十余年，从中积累了丰富的研究成果和经验，本书是作者在皮肤镜图像分析领域的研究经验总结。

本书以数字图像处理和模式识别的理论为基础，全面而系统地介绍了皮肤镜图像分析与识别的关键技术，包括皮肤镜图像的采集质量评价、预处理、图像分割、皮损目标的特征提取和分类识别、基于卷积神经网络的皮肤镜图像分析等。书中的内容安排注重图像处理的基础理论与皮肤镜图像分析的实际应用紧密结合，力求做到基础理论系统、研究算法先进、内容前后贯穿统一。书中的各种分析实例来源于作者所在实验室的科研实践和研究课题。本书内容经过了精心编排，适合相关科学工作者及工程技术人员学习和参考。

本书由北京航空航天大学图像处理中心的谢凤英编写，由北京航空航天大学图像处理中心的姜志国教授主审。感谢姜志国教授在百忙之中为本书进行审核，并提出了许多宝贵意见。本书所涉及的部分研究方法以及用到的部分图表来自作者与中国人民解放军空军特色医学中心（原中国人民解放军空军总医院）孟如松主任技师和北京协和医院刘洁教授的合作论文，在这些研究工作中，孟如松和刘洁两位大夫提供了无私帮助和大力支持，在此向孟如松和刘洁两位大夫表示衷心感谢。感谢北京航空航天大学图像处理中心的邱林伟、杨怡光、丁海东、张漪澜等同学，他们为本书的成稿做了大量工作。另外，在编写本书的过程中参考了大量国内外书籍和论文，在此向本书中所引用书籍和论文的作者深表感谢。

由于作者水平有限，书中难免存在不当之处，敬请读者批评指正。

作　者

目录

第1章 概述 ·· 1
1.1 皮肤镜技术 ·· 1
1.2 皮肤镜图像计算机辅助诊断 ·· 3
1.3 皮肤镜数字图像处理 ··· 6
1.4 皮肤镜图像处理技术的发展趋势 ·· 12
本章小结 ·· 14
本章参考文献 ··· 15

第2章 皮肤镜图像的质量评价 ·· 19
2.1 散焦模糊评价 ··· 19
2.1.1 散焦模糊的退化函数 ··· 19
2.1.2 散焦模糊的退化原理 ··· 20
2.1.3 散焦模糊评价指标设计 ··· 21
2.2 基于梯度的模糊评价 ·· 23
2.2.1 梯度原理 ·· 23
2.2.2 模糊评价指标设计 ·· 26
2.3 光照不均评价 ··· 27
2.3.1 Retinex变分模型 ·· 27
2.3.2 光照分量提取 ··· 28
2.3.3 光照不均评价指标设计 ··· 29
2.4 模糊和光照不均混合失真情况下的评价 ····························· 30
2.4.1 模糊和光照不均的频谱特性分析 ································· 30
2.4.2 模糊和光照不均程度的设计 ·· 33
2.4.3 评价模型修正 ··· 33

2.5 毛发遮挡评价 ·· 34
    2.5.1 毛发提取 ·· 35
    2.5.2 毛发遮挡评价指标设计 ·· 40
本章小结 ·· 42
本章参考文献 ·· 42

第 3 章 皮肤镜图像的预处理 ·· 44

3.1 散焦模糊的复原 ·· 45
    3.1.1 图像的退化与复原过程 ·· 45
    3.1.2 连续函数的退化模型 ··· 46
    3.1.3 离散函数的退化模型 ··· 48
    3.1.4 图像复原的基本步骤 ··· 50
    3.1.5 维纳滤波图像复原方法 ·· 51
3.2 光照不均的去除 ·· 53
    3.2.1 基于光照估计的光照去除 ··· 53
    3.2.2 基于图像增强的光照去除 ··· 54
3.3 毛发的去除 ·· 61
    3.3.1 基于偏微分方程的毛发去除 ·· 61
    3.3.2 基于 Criminisi 修复算法的毛发去除 ······································· 63
3.4 平滑去噪 ··· 65
    3.4.1 邻域平均法 ··· 65
    3.4.2 中值滤波法 ··· 69
本章小结 ·· 71
本章参考文献 ·· 71

第 4 章 皮肤镜图像的分割 ··· 73

4.1 大津阈值分割 ··· 73
    4.1.1 阈值分割的原理 ·· 73
    4.1.2 大津阈值选择 ··· 75
4.2 K-均值聚类分割 ··· 78
4.3 Mean Shift 聚类分割 ··· 81
    4.3.1 核密度估计 ··· 82
    4.3.2 密度梯度估计 ··· 82
    4.3.3 Mean Shift 图像聚类 ··· 85
    4.3.4 子区域合并后处理 ·· 86

目录

- 4.4 基于 SGNN 的分割 ··· 88
  - 4.4.1 SGNN 算法原理 ··· 88
  - 4.4.2 改进的 SGNN 分割算法 ·· 90
- 4.5 基于 JSEG 的分割 ··· 91
  - 4.5.1 颜色量化 ·· 92
  - 4.5.2 空间分割 ·· 94
- 4.6 基于 SRM 的分割 ··· 97
  - 4.6.1 融合预测 ·· 97
  - 4.6.2 融合顺序 ·· 99
  - 4.6.3 统计区域融合算法 ··· 99
- 4.7 水平集活动轮廓模型 ·· 100
  - 4.7.1 Mumford-Shah 模型 ··· 101
  - 4.7.2 Chan-Vese 模型 ·· 101
  - 4.7.3 Chan-Vese 模型的数值实现 ·· 103
- 4.8 分割实例对比 ··· 104
- 4.9 图像分割的性能评价 ·· 106
  - 4.9.1 无监督评价法 ··· 106
  - 4.9.2 有监督评价法 ··· 108
- 本章小结 ·· 111
- 本章参考文献 ·· 111

第 5 章 常用的皮肤镜图像特征描述方法 ·· 114

- 5.1 形状描述 ··· 114
  - 5.1.1 图像矩 ·· 115
  - 5.1.2 常用的形状描述 ··· 117
- 5.2 颜色描述 ··· 120
  - 5.2.1 彩色空间 ·· 120
  - 5.2.2 直方图 ·· 126
  - 5.2.3 颜色直方图距离 ··· 128
  - 5.2.4 其他颜色描述 ··· 129
- 5.3 纹理描述 ··· 131
  - 5.3.1 灰度共生矩阵 ··· 131
  - 5.3.2 Gabor 小波纹理描述 ··· 135
  - 5.3.3 可控金字塔变换 ··· 142

本章小结 ··· 145
本章参考文献 ··· 145

第 6 章　皮肤镜图像的分类识别方法 ····································· 147
6.1　图像识别系统 ··· 147
6.2　学习与分类 ··· 149
6.2.1　机器学习的基本模型 ····································· 149
6.2.2　监督学习 ··· 150
6.3　人工神经元网络 ··· 150
6.3.1　基本原理 ··· 150
6.3.2　BP 神经网络 ·· 152
6.3.3　模糊神经网络 ··· 154
6.3.4　组合神经网络 ··· 159
6.4　支持向量机 ··· 161
6.4.1　最优分类面 ··· 161
6.4.2　SVM 方法 ·· 163
6.4.3　核函数的选择 ··· 165
6.5　AdaBoost 算法 ··· 166
本章小结 ··· 167
本章参考文献 ··· 167

第 7 章　典型皮损目标的计算机辅助诊断 ································· 169
7.1　黑色素瘤的诊断标准 ··· 169
7.1.1　ABCD 准则 ··· 169
7.1.2　Menzies 打分法 ··· 171
7.1.3　七点检测法 ··· 171
7.2　白色人种皮损目标的分类识别 ··································· 172
7.2.1　特征提取 ··· 172
7.2.2　基于相关性的特征优选 ··································· 175
7.2.3　基于 SVM 的分类器设计 ································· 176
7.3　黄色人种皮损目标的分类识别 ··································· 176
7.3.1　特征提取 ··· 177
7.3.2　基于遗传算法的特征优选 ································· 180
7.3.3　基于组合神经网络的分类器设计 ··························· 183
本章小结 ··· 185

本章参考文献···185

第8章　基于卷积神经网络的皮肤镜图像分析·······································188

8.1　卷积神经网络···188
8.1.1　卷积神经网络原理··188
8.1.2　典型的卷积神经网络模型··193
8.1.3　卷积神经网络的设计方法··200

8.2　基于卷积神经网络的图像处理框架··203
8.2.1　基于卷积神经网络的图像分割框架···································204
8.2.2　基于卷积神经网络的图像分类框架···································204
8.2.3　基于卷积神经网络的深度哈希图像检索框架·······················205

8.3　基于多尺度特征融合的皮肤镜图像分割···································207
8.3.1　稠密块和过渡块···207
8.3.2　多尺度特征融合···209
8.3.3　损失函数设计··210
8.3.4　分割实例分析··210

8.4　基于区域池化的皮肤镜图像分类···212
8.4.1　区域池化层设计···212
8.4.2　基于 AUC 的分类器训练··212
8.4.3　分类实例分析··214

8.5　基于深度哈希编码的皮肤镜图像检索······································215
8.5.1　皮肤镜图像检索流程··215
8.5.2　深度哈希残差网络···216
8.5.3　基于哈希表查找的从粗到精检索策略································217
8.5.4　检索实例分析··219

本章小结···221
本章参考文献··221

第1章
概述

皮肤癌及皮肤的各类疾病严重威胁着人类的健康，皮肤镜是发现早期皮肤癌的无创性诊断工具，同时也是其他各类皮肤疾病的一种检查手段。本章介绍皮肤镜技术的发展情况及皮肤镜图像自动分析的关键技术，并总结未来一段时期皮肤镜图像处理技术的发展趋势。

1.1 皮肤镜技术

皮肤癌包括基底细胞癌、鳞状细胞癌、恶性黑色素瘤、恶性淋巴瘤、特发性出血性肉瘤、汗腺癌、隆突性皮肤纤维肉瘤、血管肉瘤等。欧美国家是皮肤癌高发地区，在澳大利亚南部地区皮肤癌的发病率达650/10万；据估计凡能活到65岁的美国白人中，有40%～50%的人至少患过1次皮肤癌。中国人的皮肤癌发病率低于欧美国家，但近年来也呈现逐年上升的趋势。在皮肤癌的种类中，恶性黑色素瘤的恶性程度高、易转移，是皮肤首个致死性疾病，大多数患者在10年内死亡；而基底细胞癌虽然致死率低，但其好发于头面部，尤以鼻、眼睑及颊部最为常见，患者极易毁容，如图1-1所示。这些疾病已成为社会日益关注的公共卫生安全问题。

皮肤癌的最有效治疗方法是早期诊断加积极有效切除原发灶，这种方法对病情痊愈和降低死亡率起决定性作用。目前，大多数医学工作者仍然依靠肉眼观察来进行皮肤肿瘤的诊断，诊断的准确率依赖于医生的经验，而且肉眼缺少精确性、重复性，对病情的量化也没有统一的指标，而临床病灶的精确诊断又非常重要。在过去的20年，很多研究显示，即使是经验丰富的专家，其临床诊断的正确率一般只有75%左右，而一般医师诊断的正确率却更低。因此，探讨无创性获取皮肤肿瘤的图像信息，建立皮肤肿瘤的图像定量分析客观指标，提高皮肤恶性肿瘤早期诊断率的技术和方法，是国内外研究者共同关心的主题。

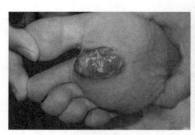
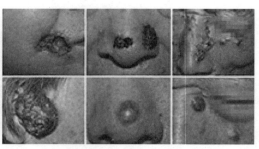

（a）恶性黑色素瘤致死率高　　　　　（b）面部皮肤癌导致的毁容

图1-1　皮肤癌病例

　　皮肤镜是一种观察活体皮肤表面以下微细结构和色素的无创性显微图像分析技术。它可以观察到表皮下部、乳头层和真皮层等肉眼不可见的影像结构与特征，这些特征与皮肤组织病理学的变化有着特殊和相对明确的对应关系，这些对应关系确定了皮肤镜诊断的敏感度、特异性与临床意义。以往的色素性皮损主要依赖医生肉眼来诊断，大多数较盲目地进行手术活检或直接外科手术切除，从而造成很多不必要的创伤，而在没有确切诊断良性或恶性肿瘤之前，手术范围较难确定，对于多发色素性皮损很难做到逐一活检，更严重的是恶性肿瘤活检易发生淋巴和血行转移或因手术范围小而复发等危险，无疑影响愈合和增加死亡率。皮肤镜可以区分色素或非色素性皮损，对可疑皮损进行病理活检，或对较大皮损的可疑点进行定位，保证了手术切除部位的准确性，减少了盲目病理活检的切除率，在临床上有重要意义，因此可以作为临床上诸多疾病的筛选和诊断的有效工具。皮肤显微镜学是1655年德国Borrelus首先提出的。1991年Friedman等针对这项技术首先引用了dermoscopy这个术语。在皮肤镜图像观察过程中，如何处理好一些与光学特性有关的因素，如与皮肤表面光的反射系数、表皮和真皮的光吸收系数，以及皮肤各层的光散射系数与厚度等问题，是直接关系能否有效观察皮肤形态结构与特征的关键。皮肤镜观察分为浸润法和偏振法。皮肤镜浸润法在使用中首先向皮损表面滴加油脂等浸润液，然后用玻片将皮肤压平，以增加皮肤的透光性，在普通光源照明状态下，借助特定放大镜观察到肉眼看不见的皮损形态特征。皮肤镜偏振法无须浸润液，镜片不直接接触皮肤即可观察到表皮以下的图像。以上两种方法均能有效地排除皮肤表面反射光的干扰，可直接从水平面对皮肤表面进行二维图像观察。

　　早期的皮肤镜，受当时技术发展的限制，大多采用CCD模拟信号，线性差、分辨率低，采用普通光源照明，会出现靶目标光照强度不稳定、不均匀、光斑等现象，作为皮损形态观察尚可，但由于图像质量不理想而直接影响皮肤肿瘤边界的分割，同时影响颜色与多项几何参数的精确测量。另外，在皮肤表面滴加的浸润液或有机溶液作为介质直接接触患者皮肤，这些介质多数有异味，同时对皮损和口、眼黏膜等周边病灶有较强的刺激性，容易引起接触性皮炎、医源性感染等潜在危险。2001 年，美国加州的医疗器械生产商 3Gen 研发出了首台偏振光皮肤镜，原理如图 1-2 所示，它使得在不使用浸润液的条件下皮肤结构同样清晰可见，因此逐渐成为当前皮肤镜诊断技术的主要手段。图 1-3 给出了两种不同款式的皮肤镜。

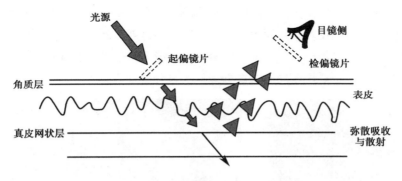

图 1-2　皮肤镜偏振法观察皮肤的模式

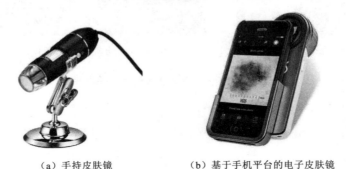

（a）手持皮肤镜　　　　（b）基于手机平台的电子皮肤镜

图 1-3　不同款式的皮肤镜

1.2　皮肤镜图像计算机辅助诊断

皮肤镜技术不仅可以用于皮肤癌的早期诊断，同时也是其他各类皮肤疾病的一种常用检查手段。在各种皮肤肿瘤中，黑色素细胞肿瘤（以下简称黑色素瘤）由良性和恶性组成。因此，恶性黑色素瘤是研究者关注最多的一种皮肤恶性肿瘤，目前国内外有关皮肤镜图像计算机辅助诊断的研究也基本集中在恶性黑色素瘤上。

从1987年开始，许多皮肤恶性黑色素瘤的临床诊断方法相继被提出，如模式分析法、Menzies法、7点检测法、ABCD准则（Asymmetry、Borders、Colors和Different Structural Components）、CASH法等，然而诊断的难度和主观性仍然很大，即使训练有素的专家，他们的诊断也存在较大差异。皮肤镜图像计算机辅助诊断系统正是解决这个问题的有效手段，它可以对病变组织自动提取、智能识别，具有定量测量和定量分析的功能，使诊断更加精确、客观、一致。皮肤镜图像辅助诊断系统在定量分析结束后会自动生成并打印分析诊断结果，以便于医生及时做出诊断，为医生及时正确地发现和诊断病灶提供了极大的便利，从而大幅提高了皮损的早期诊断率。皮肤镜图像计算机辅助诊断系统如图1-4所示。医生用皮肤镜采集患者皮肤肿瘤图像进入计算机系统，即可采用专门的图像处理技术来分析肿瘤的性质。

 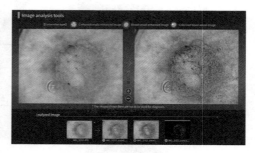

（a）皮肤镜图像采集装置　　　　　（b）自动分析辅助诊断系统

图1-4　皮肤镜图像计算机辅助诊断系统

早期的皮肤镜图像计算机辅助诊断系统是基于单机的。1987年，Cascinelli等人第一次把皮肤镜技术应用于皮肤恶性黑色素瘤的临床诊断中。1993年，Thomas等根据临床恶性黑色素瘤早期诊断ABCD准则，提出了基于颜色和纹理的黑色素瘤分类的具体方法，并且在一台DEC 5000/200工作站上用FORTRAN语言进行编程实现了这一方法，该方法与组织病理学的诊断结果相结合，诊断准确率由75%提高到92%左右。1994年，Sober将计算机数字图像分析和电子皮肤镜两种方法结合起来，并在世界卫生组织黑色素瘤研究中心的有经验的专家指导下应用于临床，使恶性黑色素瘤的早期诊断准确率提高到90%。随着IT业的发展，皮肤镜技术开始向网络平台发展。2005年，日本法政大学的H.Iyatomi等人建立了第一个基于互联网的皮肤病远程诊断系统，如图1-5所示，并尝试使用手持相机代替皮肤镜采集图像，使得普通的皮肤病采集和诊断工作可以在任何时间由病人在家中自主完成。2010年,美国McGraw.Hill公司率先在苹果手机应用市场中推出"皮肤镜自测指引详解"应用,其实质是将皮肤病诊断相关知识的电子出版物与网络医疗资源信息相结合。2011年,德国FotoFinder公司在德国杜塞尔多夫国际医疗设备展览会上展示了皮肤癌早期检测的发展方向,并推出世界上首台移动互联网皮肤镜Handyscope,这也是第一台基于iPhone平台的皮肤癌检查移动设备,如图1-6所示。2011年5月,Handyscope在欧洲和美国上市后,又在首尔召开的世界皮肤科大会上被推向亚洲市场。Handyscope可提供皮肤的放大、偏振视图,重要细节一目了然,医生可远程检查皮肤,在屏幕上对皮肤肿瘤进行评估。与传统的手持皮肤镜检查不同,Handyscope设备与iPhone连接,可直接放在患者皮肤上采集肿瘤的高分辨率图像,在受到密码保护的App中进行处理,并能够展示给患者。2017年,美国斯坦福大学人工智能实验室采用深度学习方法对皮损进行分类,在3分类和9分类任务上分别取得了72.1%和55.4%的分类精度,该结果超过了专业医生的平均诊断水平。

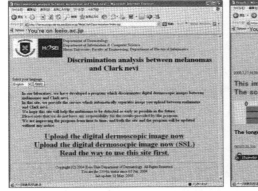

图1-5　H.Iyatomi等人建立的皮肤病远程诊断系统

（a）皮肤镜与手机相连　　　　　　　　（b）采集皮肤肿瘤图像

图1-6　Handyscope移动皮肤镜架构说明

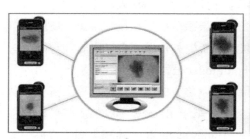
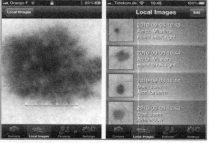

（c）通过无线网络上传给图像分析系统　　　　（d）分析诊断系统

图 1-6　Handyscope 移动皮肤镜架构说明（续）

由于白色人种与黄色人种的肤色相差很大，两者的皮肤镜图像也存在很大差异，所以针对白色人种皮肤肿瘤图像的各种参数诊断标准值，无法直接应用于黄色人种的皮损测量，存在很大偏差性，从而影响了黄色人种皮肤肿瘤的早期诊断准确率，严重者会延误诊疗。虽然黄色人种皮肤恶性肿瘤的发病率低于白色人种，但近年的发病率也同样呈逐年上升趋势，因此有必要研究专门针对黄色人种的皮肤镜图像分析技术。2007 年，北京航空航天大学图像处理中心联合解放军空军总医院在国内率先开展了黄色人种皮肤镜图像自动分析诊断技术的研究。2017 年，北京航空航天大学与北京协和医院皮肤科一起，针对黄色人种皮肤镜图像数据搭建了基于深度学习的自动分类框架，对 6 类皮肤疾病进行分类，获得了 65.8%的分类准确率。

1.3　皮肤镜数字图像处理

自 20 世纪 90 年代以来，数字图像处理和分析技术在皮肤黑肿瘤的诊断中被不断地开展和深入应用，有关皮肤镜图像诊断皮肤肿瘤的文献也越来越多。早期的皮肤镜图像计算机辅助诊断是基于单机的，因此其研究也主要集中在预处理、图像分割和分类识别上。随着皮肤镜图像分析技术向网络平台的发展，对皮肤镜图像质量评价的研究也日益紧迫，因此出现了带有图像质量评价功能的皮肤镜图像自动分析系统，如图 1-7 所示。

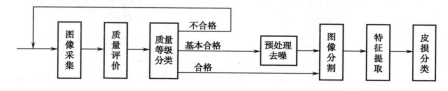

图 1-7　皮肤镜图像自动分析系统流程图

1. 质量评价

当采集到的图像质量过低的时候（如毛发过于粗密、图像模糊和有严重的光照不均等），此时图像已经失去了预处理的价值，即使经过预处理过程也很难得到质量合格的图像，正确的图像分割和分析诊断无法保证。由此，可以对采集到的图像先进行质量评价，对于质量不合格的图像，希望能够反馈给用户并要求用户重新采集，只有那些质量合格或者质量稍差但并不严重的图像，才可以进入后续的处理环节。遗憾的是，目前国内外科技工作者对于皮肤镜图像分析技术的研究主要集中在图像预处理、分割、特征提取及分类器设计等方面，而在皮肤镜图像质量评价方面的研究还很薄弱，现在能够查阅到专门讨论皮肤镜图像质量评价方面的文献主要来自本书作者所在的课题组。

采用皮肤镜对皮肤图像进行采集时，每个人的皮肤颜色纹理不同，病变类型不同，不可能获得每一幅采集图像的无失真参考图像，因此需要无参考的评价方法。影响皮肤镜图像质量的因素主要包括毛发遮挡、模糊和光照不均等因素。由于影响皮肤镜图像质量的因素不止一种，这些质量问题有可能单独存在，也可能同时存在于同一张图像。当多种因素混合存在时，各种因素之间不但相互有影响，而且对图像的整体质量也会有影响。因此不但要考虑单因素影响下的质量问题，还要考虑多种因素混合存在时的综合质量问题。北京航空航天大学图像中心自 2012 年开始对皮肤镜图像的质量评价进行研究，采用先检测毛发目标，再根据毛发的分布特性对毛发遮挡的程度进行评价，采用基于 Retinex 的变分模型估计光照成分，并用光照梯度对光照不均进行评价；对于模糊失真，则在小波域提取特征并对失真等级进行量化。

2. 预处理技术

皮损图像经常受皮肤纹理及毛发等外界因素的影响而给边界检测带来困难，须用预处理技术来平滑掉这些噪声，以提高分割的准确度。例如，Taouil 采用形态学 Top-hat 滤波器对图像进行预处理，滤除噪声并突出目标的边界信息，提高后续 Snake 方法对皮损目标分割的准确性；Tanaka 和 Lee 用中值滤波器来平滑噪声并保持一定的结构和细节信息。以上方法对于非毛发噪声的去除具有优势，且在大多数情况下能够提高分割算法的准确性，但对于存在毛发的情况，尤其是比较粗黑的毛发，却不能得到满意的分割结果。人体毛发在皮肤镜图像采集过程中不可避免，如图 1-8 所示。在临床应用中，毛发噪声的存在会影响分割的精度，同时也会影响皮损特征的抽取，从而导致分析测量的不准确，影响诊断结果。因此，毛发的去除是皮肤镜图像预处理中的一个最主要任务。尽管图像处理技术在皮肤病学方面发展迅速，但是皮肤图像上有关毛发问题的研究还并不深入。虽然可以在图像采集前刮掉毛发，但该方法既费时又增加了额外支出，而且对全身皮损成像也是不现实的。用软件方法处理毛发问题可以有不同的方式，Lee 采用基于形态学闭运算从图像中提取出毛发，并用毛发周围的像素信息对毛发区域进行填充，从而将毛发从图像中移除，本书作者在 2009 年提出了用于描述条带状连通区域的延伸性函数，以此特征函数作为提取毛发目标的测度，并采用基于偏微分方程的图像修复技术进行被遮挡信息的修复，取得了满意的效果。

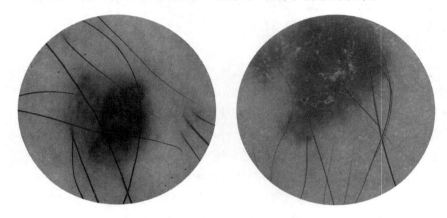

图 1-8 带有毛发噪声的皮肤镜图像

人体骨骼不是一个平面，并且皮肤和肌肉是有弹性的，因此用皮肤镜采集皮损图像时，经常会有外界的自然光进入皮肤镜，从而造成图像的光照不均。而模糊是皮肤镜图像中的另一类常见失真，采集图像时的抖动及镜头不聚焦等都会造成模糊。北京航空航天大学图像中心课题组采用基于 Retinex 的变分模型对光照失真进行恢复，并且采用维纳滤波方法对轻度的模糊图像进行复原，均取得了较为满意的效果。

3．皮肤镜图像分割

图像分割是图像分析和模式识别的首要问题，也是图像处理的经典难题之一，它是图像分析和模式识别系统的重要组成部分，并决定图像的最终分析质量和模式识别的判别结果。因此，皮肤镜图像的自动分割是自动分析皮肤肿瘤图像的关键。

皮肤病变组织会发生在身体的各个部位，恶性皮损图像经常会有多种纹理模式并存的现象，而且图像中不同模式间交界不明显，颜色特征也有很多不同，如图 1-9 所示。总体而言，皮肤镜图像主要具有以下特点。

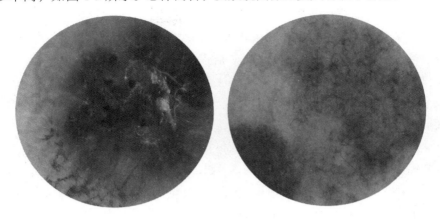

图 1-9　多种模式混合的皮损图像

（1）皮损和周围皮肤对比度比较低。

（2）皮损的形状不规则，而且边界模糊。

（3）皮损内部颜色多样。

（4）皮肤存在纹理且图像中存在毛发。

对于医生的临床诊断，纹理、颜色的细微变化及过渡区域的大小往往都是诊断的重要依据，以上情况大大增加了分割的复杂性。因此正确分割皮肤镜图像是一项非常具有挑战性的工作。

到目前为止，研究人员已经提出了一些自动分割算法，主要包括基于阈值的方法、基于动态聚类的方法、基于区域融合的方法、基于监督性学习的方法、基于竞争型神经网络的方法及基于活动轮廓模型的方法等。例如，Grana 用大津阈值自动分割图像，然后用 k 个点做样条插值获得光滑的边界曲线。Taouil 采用 Snake 方法检测皮损目标边界，该方法获得了比大津阈值更理想的边缘检测结果。Celebi 首先用统计区域融合（SRM）的方法将图像分成若干个颜色和纹理相近的子区域，然后计算位于图像 4 个角位置小区域的颜色均值，并将这一颜色均值作为背景皮肤颜色估计值，从而完成皮损图像的自动分割。但是该方法对于那些 4 个角上不含背景皮肤的情况，则得不到理想的结果。Silveira 则将 Gradient Vector Flow（GVF）、Level Set、Adaptive Thresholding（AT）、Adaptive Snake（AS）、EM Level Set（EM-LS）和 Fuzzy-Based Split-and-Merge Algorithm（FBSM）6 种分割算法进行分析，通过对 100 幅皮肤镜图像的分割对比，认为 AS 和 EM-LS 是具有最好分割效果的半自动方法，而 FBSM 则是最好的全自动分割方法，其分割效果仅次于 AS 和 EM-LS。

颜色是图像分割的重要特征之一，彩色空间聚类是皮肤镜图像分割的另一类常见方法。例如，Melli 对 K-均值、模糊 C 均值和 Mean Shift 等几种聚类方法进行了对比分析，特别强调了 Mean Shift 方法在分割皮肤镜图像方面的良好性能。然而，由于彩色聚类方法容易受噪声影响，经常不能正确描述一个目标区域，因此在实际应用中，经常要将彩色聚类方法与其他连通区域提取或空间拓扑关系描述方法相结合，方可得到更好的应用效果。

在国内，苏州大学的 Liu 采用遗传算法对 BP 神经网络的权重和阈值进行优化，实现了皮肤镜图像的分割，分割出的目标具有连续的边界和清晰的轮廓。自生成神经网络（Self-Generating Neural Network，SGNN）是一类利用竞争学习机制的一种非监督学习自组织神经网络，具有网络设计简单、学习速度快的优点，适合用来解决分类或聚类问题。本书作者在采用区域生长方法将图像进行粗分割的基础上，将遗传算法与 SGNN 相结合实现了皮肤镜图像的自适应聚类，该算法在提高 SGNN 聚类算法稳定性的同时，能够自适应确定聚类的类别数，不需要任何人工干预。

皮损分割是皮肤镜图像自动分析中最活跃的领域，每年都会有一些新的分割算法被提出。据文献统计，在 1984 年至 2012 年期间发表的有关皮损图像自动分析的文献中，有 28% 的文献是关于皮损分割的。然而，正如图像分割问题一直是图像处理领域的重要问题一样，目前皮肤镜图像的分割问题仍然没有彻底解决，当采集条件变化、对比度过低或者皮损目标边界过于模糊时，分割算法的适用性就会受到限制。

4．皮损目标的特征描述和分类识别

皮肤黑色素瘤具有颜色和纹理特征，而在临床诊断上，医生主要是靠病变部位的颜色、纹理、形态和结构等特征进行判断的。目前人工诊断黑色素瘤的标准有 ABCD 准则、Menzies 打分法和七点检测列表法。

（1）ABCD 准则即指 A（Asymmetry，不对称性）、B（Borders，边界）、C（Colors，颜色）、D（Different Structural Components，不同的结构组件）等 4 个方面，当皮损区域呈现不对称、边界处皮损模式变化剧烈、皮损内部颜色多样以及皮损内部包含不同的结构组件时，则认为恶性肿瘤的可能性大。

（2）Menzies 打分法即包括 2 个良性指征（模式对称，颜色单一）、2 种

恶性指征（模式非对称，多种颜色）和 9 种活性指征，通过综合判断良恶性和活性指征，来对肿瘤进行分类。

（3）七点检测列表法对肿瘤的检测标准分为主要准则和次要准则，主要准则包括非典型性皮损网络、非典型性血管模式、蓝白结构，次要准则包括条纹状不规则性、皮损的不规则性、点或水珠状不规则性、病区退化。以上主要准则赋 2 分，次要准则赋 1 分，打分结果小于 3 分的为非恶性黑色素瘤，否则为恶性黑色素瘤。

提取黑色素瘤图像的有效特征是目标成功分类和识别的关键。特征提取和描述主要依据人工诊断黑色素瘤的评判标准来进行，统计的特征提取技术，如各种纹理特征、颜色特征、马尔可夫随机场模型特征、傅里叶谱特征等，也是本文中采取的主要方式。

2004 年，Tanaka 基于 ABCD 准则用统计的方法获得皮损的 105 个特征，用递推判别方式进行识别，识别率达到 96%。同年，Motoyarna 将 RGB 图像的每个通道分成 16 等份，将 RGB 彩色空间平均映射成 4096（4096=16×16×16）个立方体格子，从而分析恶性黑色素瘤的颜色特性，通过实验证明了根据颜色信息可以有 26%的恶性黑色素瘤被检测出来。2007 年，Celebi 根据 ABCD 诊断准则，将皮肤镜黑色素瘤图像的颜色、纹理和形状等信息结合起来，提取出 437 个特征，并通过 Weka 数据挖掘平台优选出 18 个重要特征。

好的特征描述可以得到好的分类结果，而分类器模型的不同选择同样影响分类准确率。目前，K 近邻、支持向量机（SVM）和神经网络等分类方法用作黑色素瘤图像分类识别的常用方法。2003 年，Zhang 基于前向神经元网络，采用后向传播学习算法，每个感知器采用双曲正切传递函数，实现对肿瘤图像的分类识别。皮肤镜可以获得黑色素瘤表皮特征，而多光谱图像则表现了黑色素瘤的深度和结构特征，Sachin 用神经网络技术对皮肤镜图像进行分类，并采用模糊隶属度函数和自适应小波变换方法对多光谱图像进行分类，并对 3 种方法进行对比分析，通过实验得出将皮肤镜和多光谱技术结合能够提高黑色素瘤诊断准确率的结论。Celebi 在对黑色素瘤进行特征提取后，采用支撑向量机（SVM）实现了黑色素瘤的有效分类，其敏感度和特异度分别达到 93.33%和 92.34%。本书作者于 2009 年针对皮肤黑色素瘤目标提出了新的基于边界的特征描述方法，结合常用的颜色和纹理特征描述，采用组合神经网络对皮损目标进行分类识别，分类敏感度和特异度分别达到 95.2%和 96.2%。

5. 基于卷积神经网络的皮肤镜图像分析

采用传统机器学习方法对皮肤镜图像进行分割和分类，所基于的特征大多是低级特征，分类器也都是传统的机器学习分类器。2012年以来，深度学习作为一种新的机器学习方法开始流行，并逐渐成为计算机视觉和模式识别领域解决问题的强有力工具。因此，基于深度学习的皮肤镜图像分析方法开始被提出，包括皮肤镜图像的分割、皮肤镜图像的分类及皮肤镜图像的检索等各个方面。

在皮损分割方面，2017年，Bi等人将多个全卷积神经网络进行串联，将每一级网络的输出和原始图像作为下一级网络的输入，使用元胞自动机综合各级网络输出得到皮损边界。Yuan等人设计基于Jaccard距离的损失函数来提高分割网络的准确度，获得更精确的皮损区域。Codella等人首先将图像的RGB和HSV共6个通道同时输入全卷积网络中训练分割网络，并将训练得到的10个不同参数的网络组合起来得到分割结果，在分类任务上，他们从原始图像和根据分割结果裁切的图像上分别提取了多种传统特征和深度学习特征，采用非线性SVM分类器得到分类结果。早期的皮损分类研究主要集中在皮肤肿瘤的良恶性识别上。深度学习方法被提出以后，皮肤镜图像的多分类研究引起了人们的关注。美国斯坦福大学人工智能实验室于2017年在Nature上发表文章，其在GoogLeNet Inception-v3网络上采用迁移学习对皮损图像进行端到端的分类。在3种皮肤疾病和9种皮肤疾病的分类任务上分别获得了72.1%和55.4%的分类精度，该结果超过了两名专业医生的诊断水平。斯坦福大学的研究使得皮肤镜图像的分类算法从两分类发展到了多分类。Matsunaga等人则将多个深度神经网络进行组合实现了黑素瘤、色素痣和脂溢性角化三种皮肤病的多分类。

本书作者所在课题组近年来在基于卷积神经网络的皮肤镜图像分析方法上也取得了很大进展。2017年，课题组设计双分支结构的全卷积神经网络，分别提取全局和局部特征并进行融合，得到皮损边界，同时设计带有嵌套残差结构的卷积网络来对6种皮损类型进行端到端的多分类，获得了65.8%的分类精度。2021年，课题组采用EfficientNets网络对炎症性皮肤病进行了分析，并且设计抗旋转深度哈希网络实现了四种皮肤镜图像的检索。

1.4 皮肤镜图像处理技术的发展趋势

皮肤镜图像自动分析技术正在向网络平台发展，远程会诊及基于移动设备的皮肤健康自检成为一种趋势。面对新的发展形势，未来一段时间皮肤镜图像处理的研究重点将集中在以下几个方面。

1. 皮肤镜图像的检索

随着医学成像技术的发展和医院信息网络的普及，医院每天会产生大量包含病人生理、病理和解剖信息的医学图像，这些图像是医生进行临床诊断、病情跟踪、手术计划、预后研究、鉴别诊断的重要依据。医学图像检索在临床和科研中都将发挥重要的作用。在临床诊断中，当医生遇到难确诊的病症时，利用图像检索这一功能，在患者数字图书馆或医学图像知识库中找出相似图像，这些已确诊的病例可为医生诊断、治疗或手术等提供进一步参考，对于无经验的实习医生或经验少的医师，医学图像检索的结果能给他们的诊断提供辅助建议。因此医学图像检索能够辅助医生做出更精确的诊断结果。然而，皮损在形状、颜色和纹理方面的复杂性，使得皮肤镜图像的检索难度加大，近些年来，有些学者针对特定的几种皮损模式进行分类，为皮肤镜图像的检索奠定了一定的基础。随着深度学习技术的发展，研究者开始采用深度学习的方法研究皮肤镜图像的检索，并有相关研究成果陆续发表。未来一段时间，皮肤镜图像的检索仍然是一个重要的研究方向。

2. 皮肤镜图像质量评价及质量标准的制定

在网络平台下，无论是专业医生还是偏远地区的非专业医生乃至患者本人，都有可能采集皮肤肿瘤图像并输入自动分析系统，从而获得分析诊断的结果。而质量合格的皮肤肿瘤图像无疑是皮肤镜自动分析系统能够有效工作的前提条件。因此须制定图像的质量标准，对输入图像分析系统的皮损图像进行质量评价，确保不合格的图像能够及时滤除，进而确保自动分析结果的可靠性。图像质量评价是近年来图像处理中的一个研究热点，但传统图像质量的好坏都基于人眼视觉的判断，追求的是客观评价的结果与主观打分的一致性。而皮肤镜图像质量的评价则是从医学诊断的角度提出来的，其质量的好坏应该由是否有利于后续的图像分割和分类识别结果来决定，因此其评判的标准与传统质量评价方法有所不同。目前，皮肤镜图像质量的评价技术还处在刚刚起步阶段，国内外科技工作者在此方面的研究还很少，未来将有很长一段路要走。质量标准应该综合考虑临床应用和图像自动分析两个方面，因此需要临床医生和图像研究人员共同制定质量标准。

3. 图像自适应分割

皮肤镜图像是一种非常有挑战性的图像。人体皮肤颜色深浅不同，皮损类型不同，纹理模式多样，尤其是恶性皮损，形状不规则，边界不清，纹理和颜色多样。1984 年至 2012 年期间发表的有关皮损图像自动分析的文献，有 28%是关于皮损分割的，目前也仍然有许多研究人员在致力于皮损图像分割的研究。而从已经发表的有关皮肤镜图像分类的文献来看，对于皮肤镜图像分割的环节，很多都是采用半自动加手工的方式。这说明，皮肤镜图像的分割是皮肤镜图像自动分析诊断系统的瓶颈问题。由于皮肤镜图像的复杂性，很难有一种分割算法适应所有的皮肤镜图像，而在现存的皮肤镜图像分割方法中，每种方法都有其擅长的皮损图像类型。因此，如果能够自适应地为一个待分割的皮肤镜图像，选择一个最佳的分割方法，将会大大提高皮肤镜图像分割的准确性。

4. 新的图像分析方法在皮肤镜图像中的应用

早些年，皮肤镜图像分析技术主要集中在预处理去毛发、分割、皮损目标的特征提取和识别分类上。随着人们对自然场景图像质量评价的研究深入及互联网的发展，研究人员开始对皮肤镜图像的质量评价展开研究。在 2000 年至 2010 年间，特征袋模型、基于内容的图像检索技术等在其他领域都得到了广泛应用，随之而来的是人们开始用特征袋模型研究皮损目标的特征提取，并对皮损的模式进行分类和检索。近几年，深度学习方法开始流行，也促进了皮肤镜图像分析技术的进一步发展。目前，皮肤镜图像分析技术还存在很多难点，将新的智能方法引入皮肤镜图像分析，将会推进皮肤镜图像分析技术的进一步完善和成熟。

本章小结

皮肤镜不仅是皮肤癌早期诊断的有效工具，同时也是其他多种皮肤疾病的有效检查手段。本章介绍了皮肤镜技术的发展，皮肤镜图像辅助诊断的研究现状，以及皮肤镜图像自动分析中所涉及的皮肤镜图像质量评价、预处理、分割、特征提取、分类识别和检索等各项技术，最后总结了皮肤镜图像处理的发展趋势。

本书是对皮肤镜图像分析技术的总结，书中所用到的黄色人种皮肤镜图像由中国人民解放军空军特色医学中心（原中国人民解放军空军总医院）皮肤科、北京协和医院皮肤科提供，所用到的白色人种皮肤镜图像部分来自 https://b0112- web.k.hosei.ac.jp/DermoPerl/，以及公开数据集 ISBI 2017。在后续章节中讲到的部分方法，也是来自北京航空航天大学与中国人民解放军空军特色医学中心以及北京协和医院的一些实际合作项目。本书内容是数字图像处理技术在皮肤镜图像计算机辅助诊断中的应用，因此本书读者应该具有一定的图像处理方面的理论基础。

本章参考文献

[1] http://www.cnkang.com/dise/658/1086740.html.

[2] 孟如松，孟晓，姜志国，等. 基于国人皮肤镜黑素细胞肿瘤图像的智能化分类与识别研究[J]. 中国体视学与图像分析，2012,17(03):191-199.

[3] 刘辅仁. 实用皮肤科学[M]. 3 版. 北京：人民卫生出版社，2005.

[4] http://www.nbfeyy.com/art/2017/9/11/art_2048_38106.html.

[5] 谢凤英，刘洁，崔勇，等. 皮肤镜图像计算机辅助诊断技术[J]. 中国医学文摘：皮肤科学，2016(1):45-50.

[6] 孟如松,赵广. 皮肤镜图像分析技术的基础与临床应用[J]. 临床皮肤科杂志，2008(04):264-267.

[7] Stolz W, Riemann A, Cognetta A B, et al. ABCD rules of dermatoscopy: a new practical method for early recognition of malignant melanoma[J]. Eur J Dermatol, 1994,4(7):521-527.

[8] Menzies S, Crook B, McCarthy W, et al. Automated instrumentation and diagnosis of invasive melanoma. Melanoma Res 1997,7(Suppl. 1):s13.

[9] McGovern T W, Litaker M S. Clinical predictors of malignant pigmented lesions: a comparson of the Glasgow seven-point checklist and the American Cancer Society's ABCDs of pigmented lesions [J]. Dermatol Surg Oncol, 1992, 18: 22-26.

[10] Cascinelli N, Ferrario M, Tonelli T. A possible new tool for clinical diagnosis of melanoma: the computer, Journal of the American Academy of Dermatology, 1987, 16(2): 361-367.

[11] Thomas S, Wilhelm S, Wolfgang A. Classification of melanocytic lesions with color and texture analysis using digital image processing[J]. Journal of Dermatology 1993,15: 1-11.

[12] Sober A J, Burstein J M. Computerized digital image analysis: an aid for melanoma diagnosis[J]. the Journal of Dermatology, 1994, 21(11): 885-890.

[13] http://usatinemedia.com/Usatine_Media_LLC/UsatineMedia_Home.html.

[14] http://www.handyscope.net.

[15] Esteva A, Kuprel B, Novoa R A, et al. Dermatologist-level classification of skin cancer with deep neural networks, Nature, 2017, 542(7639): 115.

[16] Zhou H, Xie F, Jiang Z, et al. Multi-classification of skin diseases for dermoscopy images using deep learning, Imaging Systems and Techniques (IST), 2017 IEEE International Conference on. IEEE, 2017: 1-5.

[17] Taouil K, Romdhane N B, Bouhlel M S. A new automatic approach for edge detection of skin lesion images[J], Information and Communication Technologies, 2006,1:212-220.

[18] Tanaka T, Yamada R, Tanaka M, et al. A study on the image diagnosis of melanoma[C]. Proceedings of the 26th Annual International Conference of the IEEE EMBS, 2004,9:1597-1600.

[19] Lee T, Ng V, McLean D, et al. A multi-stage segmentation method for images of skin lesions[C], Proceedings of IEEE Pacific Rim Conference on Communications, Computers, visualization, and Signal Processing, 1995,5:602-605.

[20] Lee T K, Ng V, Gallagher R, et al. Dullrazor: A software approach to hair removal from images[J]. Computers in Biology and Medicine, 1997,27(6): 533-543.

[21] Xie F, Qin S, Jiang Z, et al. PDE-based unsupervised repair of hair-occluded information in dermoscopy images of melanoma[J]. Computerized Medical Imaging & Graphics, 2009, 33(4):275-282.

[22] 卢亚楠. 皮肤镜图像的质量评价与复原方法研究[D]. 北京：北京航空航天大学，2016.

[23] Lu Y, Xie F, Jiang Z, et al. Blind deblurring for dermoscopy images with spatially-varying defocus blur[C]. 2016 IEEE 13th International Conference on Signal Processing (ICSP). IEEE, 2016: 7-12.

[24] Grana C, Pellacani G, Cucchiara R, et al. A new algorithm for border description of polarized light surface microscopic images of pigmented skin

lesions[J]. IEEE Trans. on Medical Imaging, 2003,22(8): 959-964.

[25] Celebi M E, Kingravi H A, Iyatomi H. Fast and accurate border detection in dermoscopy images using statistical region merging[C]. Progress in Biomedical Optics and Imaging - Proceedings of SPIE, 2007, 6512:1-10.

[26] Silveira M, Nascimento J C, Marques J S, et al. Comparison of Segmentation Methods for Melanoma Diagnosis in Dermoscopy Images[J]. Selected Topics in Signal Processing, IEEE Journal of, 2009,3(1):35-45.

[27] Melli R, Grana C, Cucchiara R. Comparison of Color Clustering Algorithms for Segmentation of Dermatological Images: Medical Imaging 2006: Image Processing, February 13, 2006-February 16, 2006, San Diego, CA, United states, 2006[C]. SPIE.

[28] Liu J, Zuo B. The Segmentation of Skin Cancer Image Based on Genetic Neural Network: Computer Science and Information Engineering, 2009 WRI World Congress on, Los Angeles, CA, 2009[C].2009.

[29] Xie F, Bovik A C. Automatic segmentation of dermoscopy images using self-generating neural networks seeded by genetic algorithm[J]. Pattern Recognition, 2013, 46(3): 1012-1019.

[30] Korotkov K, Garcia R. Computerized Analysis of Pigmented Skin Lesions: A Review. Artificial Intelligence in Medicine 2012; 56(2): 69-90.

[31] Tanaka T, Yamada R, Tanaka M, et al. A study on the image diagnosis of melanoma[C]. Proceedings of the 26th Annual International Conference of the IEEE EMBS, 2004, 9:1597-1600.

[32] Motoyarna H, Tanaka T, Tanka M, et al. Feature of malignant melanoma based on color information[C]. SICE Annual Conference in Sapporo, 2004, 1:230-233.

[33] Celebi M E, Kingravi H A, Uddin B, et al. A methodological approach to the classification of dermoscopy images[J]. Computerized Medical Imaging and Graphics, 2007, 31: 362-373.

[34] Zhang Z, Moss R H, Stoecker W V. Neural networks skin tumor diagnostic system[C], IEEE Int. Conf. Neural Networks & Signal Processing, 2003, 1:191-192.

[35] Sachin V, Atam P. Multi-spectral imaging and analysis for classification of melanoma[C]. Proceedings of the 26th Annual International Conference of the

IEEE EMBS, 2004, 9:503-506.

[36] 谢凤英. 基于计算智能的皮肤镜黑素细胞瘤图像分割与识别[D]. 北京：北京航空航天大学，2009.

[37] Bi L, Kim J, Ahn, et al. Dermoscopic image segmentation via multistage fully convolutional networks, IEEE Transactions on Biomedical Engineering, 2017, 64(9): 2065-2074.

[38] Yuan Y, Chao M, Lo Y C. Automatic skin lesion segmentation using deep fully convolutional networks with Jaccard distance, IEEE transactions on medical imaging, 2017, 36(9): 1876-1886.

[39] Codella N C F, Nguyen Q B, Pankanti S, et al. Deep learning ensembles for melanoma recognition in dermoscopy images, IBM Journal of Research and Development, 2017, 61(4):5:1-5:15.

[40] Matsunaga K, Hamada A, Minagawa A, et al. Image classification of melanoma, nevus and seborrheic keratosis by deep neural network ensemble, arXiv preprint arXiv:1703.03108, 2017.

[41] Deng Z, Fan H, Xie F, et al. Segmentation of Dermoscopy Images based on Fully Convolutional Neural Network, International Conference on Image Processing(ICIP), Beijing, China, September, 2017.

[42] Zhang Y, Xie F, Song X, et al. Dermoscopic image retrieval based on rotation-invariance deep hashing[J]. Medical Image Analysis, 2021: 102301.

[43] Codella N C F, Gutman D, Celebi M E, et al. Skin lesion analysis toward melanoma detection: A challenge at the 2017 international symposium on biomedical imaging (isbi), hosted by the international skin imaging collaboration (isic)[C]. 2018 IEEE 15th international symposium on biomedical imaging (ISBI 2018). IEEE, 2018: 168-172.

第 2 章
皮肤镜图像的质量评价

皮肤镜图像自动分析系统正在向网络平台发展。随着中外科技工作者对皮肤镜图像分析技术研究的深入，远程会诊及基于移动设备的皮肤健康自检成为一种趋势。无论是专业医生还是偏远地区的非专业医生乃至患者本人，都有可能采集皮肤肿瘤图像并送入自动分析系统，从而获得分析诊断的结果。而质量合格的图像无疑是皮肤镜图像自动分析系统能够有效工作的前提条件。

影响皮肤镜图像质量的因素主要包括模糊、光照不均和毛发遮挡等，这几种因素有可能单独存在，也可能同时存在于同一幅图像中，本章将介绍模糊、光照不均和毛发遮挡等单因素的失真程度评价，以及模糊和光照不均混合存在时的皮肤镜图像质量评价方法。

2.1 散焦模糊评价

在皮肤镜图像采集中经常会由于不聚焦使得采集的图像出现模糊，可以通过估计所获得图像的散焦半径来对散焦模糊的程度进行评价，散焦半径越大，图像的模糊程度越严重，下面将介绍散焦模糊的退化模型和散焦半径的估计方法。

2.1.1 散焦模糊的退化函数

点扩散函数（PSF）是对图像退化过程的一种建模，对应了不同的退化模型，点扩散函数的准确与否是决定图像复原结果好坏的主要因素。散焦模糊是由于成像区域中存在不同深度的对象造成的图像退化。几何光学的分析表明，光学系统散焦造成的图像退化相应的点扩散函数是一个均匀分布的圆形光斑，其表达式为

$$h(x,y) = \begin{cases} 1/(\pi R^2), & x^2 + y^2 \leq R^2 \\ 0, & 其他 \end{cases} \quad (2.1)$$

式中，R 是散焦半径。

这个模型的公式非常简单，但实际的恢复效果证明了它的合理性。退化图像的信噪比较高时，可由 $h(x,y)$ 的傅里叶变换在频域图上产生的圆形轨迹来确定 R，它的傅里叶变换为

$$H(u,v) = 2\pi R \frac{J_1(R\sqrt{u^2+v^2})}{\sqrt{u^2+v^2}} \quad (2.2)$$

式中，$J_1(\cdot)$ 是一阶第一类 Bessel 函数。

$H(u,v)$ 是圆对称的，它的第一个过零点的轨迹形成一个圆，假设该圆的半径为 d_r，则

$$R = \frac{3.83M}{2\pi d_r} \quad (2.3)$$

式中，假定计算离散傅里叶变换的尺寸是 $M \times M$。

利用圆形轨迹测出 d_r，即可根据式（2.3）计算得到散焦半径 R，从而决定散焦的点扩散函数。

2.1.2 散焦模糊的退化原理

在用皮肤镜拍摄目标时，如果皮肤镜没有聚焦，就会导致所拍摄的图像产生散焦模糊，如图 2-1 所示。在一般情况下，无论成像系统多么复杂，总可以将成像镜头视为一个凸透镜。根据几何光学原理可知，点光源经理想成像系统后，所成的像为一个点，这样得出的整幅图像为清晰的，成像原理为

$$\frac{1}{u} + \frac{1}{v} = \frac{1}{f} \quad (2.4)$$

式中，u 是物距；v 是相距；f 是成像系统焦距。

图 2-1　散焦模糊图像

当物距、像距和焦距不满足式（2.4）时，点光源在像屏上所成的像不再是一个点，而是一个圆盘状的弥散盘。该圆盘从中心向四周的能量逐渐减弱，但总的能量不变，其形成原理如图2-2所示。

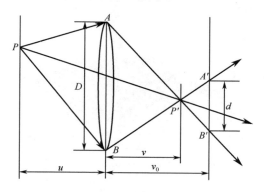

图2-2 散焦模糊几何光路图

根据散焦几何光路图，三角形ABP'和三角形$A'B'P'$相似，即

$$\frac{d}{D} = \frac{v_0 - v}{v} \quad (2.5)$$

式中，d是散焦半径的2倍；D是透镜直径；v_0是相距。

联立式（2.4）和式（2.5）可得

$$d = D\left(\frac{v_0}{f} - \frac{v_0}{u} - 1\right) \quad (2.6)$$

散焦弥散盘的直径由透镜直径D、相距v_0、透镜焦距f和物距u共同决定，在现实中，前3个变量很容易知道，但物距却很难求出，一般用圆盘散焦模型来近似代表散焦模糊的点扩散函数，即式（2.1）。

2.1.3 散焦模糊评价指标设计

散焦模糊图像的参数只有一个，即散焦半径。当散焦半径的估计值与真实值相差不大时，可以准确地表征图像散焦模糊的程度。散焦半径的估计可以采用频域的估计方法，也可以采用基于拉普拉斯微分图像自相关的估计方法，本书介绍后者。

自相关法利用拉普拉斯算子对模糊图像进行无方向的二阶微分，然后求微分图像的自相关函数。图2-3所示为通过三维显示的自相关图像，可以看到其等高线投影成一个圆周，圆心为零频相关峰，半径即为散焦模糊半径的2倍。为什么散焦模糊图像的微分自相关函数会有这样的三维形式呢？下面将详细介绍其推导过程。

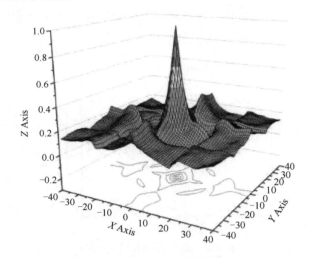

图 2-3 散焦模糊图像微分自相关函数的三维显示

假设不考虑加性噪声,则模糊图像的退化模型为

$$g(x,y) = f(x,y) * h(x,y) \tag{2.7}$$

对观测图像 $g(x,y)$ 做无方向的二阶微分,即

$$\begin{aligned}\nabla^2 g(x,y) &= \nabla^2 \iint f(\alpha,\beta)h(x-\xi,y-\eta)\mathrm{d}\xi\mathrm{d}\eta \\ &= \iint f(\alpha,\beta)\nabla^2 h(x-\xi,y-\eta)\mathrm{d}\xi\mathrm{d}\eta \\ &= f(x,y) * \nabla^2 h(x,y)\end{aligned} \tag{2.8}$$

则微分模糊图像自相关为

$$\begin{aligned}s &= \nabla^2 g(x,y) \otimes \otimes \nabla^2 g(x,y) \\ &= (f(x,y) \otimes \otimes f(x,y)) * (\nabla^2 h(x,y) \otimes \otimes \nabla^2 h(x,y)) \\ &= s_f * s_{\nabla^2 h}\end{aligned} \tag{2.9}$$

式中,$\otimes \otimes$ 表示二维相关;$*$ 表示卷积;s 是微分图像自相关;s_f 是原始清晰图像自相关,$s_f = f(x,y) \otimes \otimes f(x,y)$;$s_{\nabla^2 h}$ 是微分点扩散函数自相关,$s_{\nabla^2 h} = \nabla^2 h(x,y) \otimes \otimes \nabla^2 h(x,y)$。

由式(2.9)可以看出,微分模糊图像的自相关函数主要取决于微分点扩散数的自相关函数,而点扩散函数的微分自相关图形有一个环形圆槽,圆槽以零频尖峰为中心,以负尖峰为圆周围成,其半径为 $2R$,即散焦模糊半径的 2 倍,圆槽的等高线投影为同心圆。所以只要取出这个三维图形过零频中心峰值的剖面图,如图 2-4 所示,就可以确定圆槽半径,进而求得散焦模糊半径。散焦模糊半径是评价散焦模糊程度的指标，散焦半径越大，图像的模糊程度就越高。

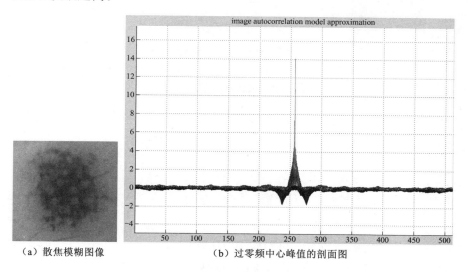

（a）散焦模糊图像　　　　（b）过零频中心峰值的剖面图

图 2-4　散焦模糊参数估计

2.2　基于梯度的模糊评价

引起皮肤镜图像模糊的原因主要包括镜头不聚焦和图像采集时镜头抖动。当图像中的模糊由这两种原因同时引起，则简单估计散焦半径将得不到准确的模糊评价。由于不管什么样的模糊，都会导致图像中的边缘变得不平滑，本节采用图像中的梯度信息来设计模糊程度的评价指标。

2.2.1　梯度原理

图像中的边缘是图像局部特性不连续（或突变）的结果，如灰度值的突变、颜色的突变、纹理的突变等。以一个简单的带纵向边缘的图像为例，分析图像中边缘处的微分特性。图 2-5（a）所示是原图，把每行像素灰度的变化用图 2-5（b）来近似描述。根据微分原理，图 2-5（b）的一阶导数为图 2-5（c）所示的形状。可以看出，对于图像中变化比较平坦的区域，因相邻像素的灰度变化不大，因而其梯度幅值较小（趋于 0）；而图像的边缘地带，因相邻像素的灰度值变化剧烈，所以梯度幅值较大，因此用一阶导数幅值的大小可以判断图像中是否有边缘及边缘的位置。

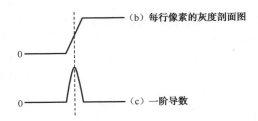

(a) 一幅纵向边缘　　(b) 每行像素的灰度剖面图　　(c) 一阶导数

图 2-5　微分算子的原理图

梯度对应一阶导数。用 r 和 s 代表两个连续变量，则对于一个二维连续函数 $f(r,s)$，它在点 (r,s) 处的梯度是一个矢量，定义为

$$\nabla f(r,s) = [G_r \quad G_s]^T = \left[\frac{\partial f}{\partial r} \quad \frac{\partial f}{\partial s}\right]^T \quad (2.10)$$

式中，G_r 和 G_s 分别为沿 r 方向和 s 方向的梯度。

梯度 $\nabla f(r,s)$ 的幅度和方向角分别为

$$|\nabla f(r,s)| = (G_r^2 + G_s^2)^{1/2} \quad (2.11)$$

$$\varphi(r,s) = \arctan(G_r / G_s) \quad (2.12)$$

由式（2.12）可知，梯度的数值就是 $f(r,s)$ 在其最大变化率方向上的单位距离所增加的量。

对于数字图像而言，梯度是由差分代替微分来实现的。沿水平方向 x 和垂直方向 y 的一阶差分可以写成

$$\begin{cases} G_x = f(x+1,y) - f(x,y) \\ G_y = f(x,y+1) - f(x,y) \end{cases} \quad (2.13)$$

则根据式（2.11），点 (x,y) 处的梯度幅度可以写为

$$|G[f(x,y)]| = \{[f(x+1,y) - f(x,y)]^2 + [f(x,y+1) - f(x,y)]^2\}^{1/2} \quad (2.14)$$

为便于编程和提高运算速度，在计算精度允许的情况下，可采用绝对差算法近似表示为

$$|G[f(x,y)]| = |f(x+1,y) - f(x,y)| + |f(x,y+1) - f(x,y)| \quad (2.15)$$

式（2.15）中各像素的位置如图 2-6 所示。这种梯度法又称水平垂直差分法。

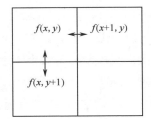

图 2-6　水平垂直差分法

由梯度的计算可知，在图像中灰度变化较大的边缘区域其梯度值较大，在灰度变化平缓的区域其梯度值较小，而在灰度均匀的区域其梯度值为零。在实际应用中，常用小区域模板进行卷积来近似计算图像的梯度。对 G_x 和 G_y 须各用一个模板，所以需要两个模板组合起来构成一个梯度算子。常用的梯度算子包括 Robert、Prewitt 和 Sobel 算子等，如图 2-7 所示。将这些梯度算子直接作为边缘检测的模板，即可实现图像的边缘检测。图 2-8 所示是采用梯度算子对一幅带有毛发的白色人种皮肤镜图像进行边缘检测的实例，可以看出，模板不同，所检测出来的边缘强弱也不同。当图像发生模糊时，表现最明显的就是边缘处的梯度变化，下面介绍的基于梯度的模糊评价指标也正是利用图像中边缘梯度的变化来设计的。

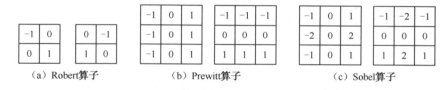

（a）Robert算子　　（b）Prewitt算子　　（c）Sobel算子

图 2-7　常用的梯度算子

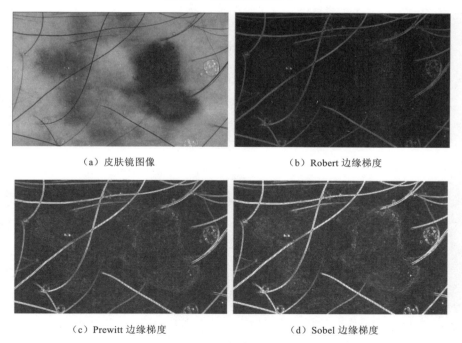

（a）皮肤镜图像　　　　　　　　　（b）Robert 边缘梯度

（c）Prewitt 边缘梯度　　　　　　（d）Sobel 边缘梯度

图 2-8　常用梯度算子的边缘检测结果

2.2.2 模糊评价指标设计

模糊会对图像的梯度产生很大影响,因此可以根据图像的梯度变化来设计指标,从而对图像的模糊程度进行评价。图 2-9(a)、图 2-9(b)分别代表清晰与模糊的边缘图像。如果沿着从 A 到 B 的方向扫描图 2-9(a)、图 2-9(b)会得到图 2-9(c)、图 2-9(d)所示的曲线。可以看到,图 2-9(a)对应的曲线比图 2-9(b)对应的曲线更陡。曲线的变化可以由与水平方向的夹角来表示,夹角越大,边缘越陡,图像越清晰。

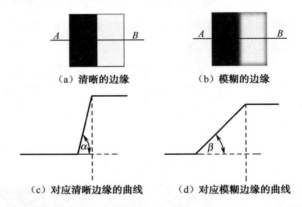

图 2-9　清晰与模糊边缘的图像及其对应的灰度剖面图

如图 2-10 所示,可以用灰度曲线的斜率来表示图像的模糊程度,即

$$\tan\alpha = \frac{G}{w} \tag{2.16}$$

式中,w 是像素 Q 处的边缘宽度;G 是 a 和 b 两个像素点的灰度差。

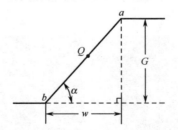

图 2-10　基于梯度的模糊评价指标示意图

当所有边缘像素的灰度曲线斜率都计算得到之后,选择其中最大的一个作为无参考质量评价指标来表征图像的模糊程度。

因此,基于梯度的图像模糊评价的基本步骤如下。

步骤 1：边缘检测。对待评价图像采用 2.2.1 节介绍的梯度算子对图像进行边缘检测，并二值化得到边缘像素。

步骤 2：梯度方向检测。计算每一个边缘像素在所有方向的梯度，选择最大的一个作为该边缘像素的梯度，这个最大梯度所在的方向就是该边缘像素的梯度方向。

步骤 3：边缘扩散度量。对于每一个边缘像素，在它的梯度方向及反方向进行搜索，找到离其最近的两个极值点，也就是图 2-10 中的 a 点和 b 点，计算两个极值点之间的像素个数作为边缘扩散度 w。

步骤 4：计算模糊评价指标。经过前面的步骤，已经找到了 a、b 及 w，G 为 a 和 b 的灰度差，因此可以根据式（2.16）计算得到每个像素位置的模糊评价指标。最终选择最大的值作为整幅图像的模糊评价值。

2.3 光照不均评价

在皮肤镜图像采集的过程中，如果皮肤镜没有完全贴合皮肤，则采集的图像就会出现光照不均的现象，会严重影响后续的分析诊断。目前，关于光照不均的评价很少有文献提及，这里通过估计图像中的光照分量来对光照不均的程度进行评价，该算法首先根据 Retinex 变分模型提取图像中的光照分量，然后设计一个指标来评价光照不均的程度。

2.3.1 Retinex 变分模型

Retinex 理论是由 Land 和 McCann 在 1971 年提出的，已经被证明可以用于消除光照不均。根据 Retinex 模型，一幅图像 F 由光照分量 I 和反射分量 R 组成，即

$$F(x,y) = I(x,y) \cdot R(x,y) \quad (2.17)$$

式中，$F(x,y)$、$I(x,y)$、$R(x,y)$ 分别代表人眼观察到的图像、光照分量和反射分量。

为了计算方便，对式（2.17）取对数，将乘法变为加法，则

$$f = \lg F = \lg IR = \lg I + \lg R = i + r \quad (2.18)$$

因为只有 f 是已知的，所以从数学上来说，在对数域提取光照分量 i 是一个病态的问题。Retinex 的变分模型是为了解决光照提取问题而提出的，它在原始的 Retinex 理论上加入了一些约束。根据该模型，变分函数可以写为

$$\text{Minimize：} S[i] = \int_\Omega (|\nabla i|^2 + \alpha(i-f)^2 + \beta|\nabla(i-f)|^2) \mathrm{d}x\mathrm{d}y \quad (2.19)$$

$$\text{Subject to:} \quad i \geq f, \quad \text{and} \quad \langle \nabla i, \vec{n} \rangle = 0 \quad \text{on} \quad \partial \Omega$$

式中，Ω 代表图像区域，$\partial\Omega$ 代表图像的边界；$\vec{n}$ 代表边界的法线；α 和 β 是自由参数，它们是非负的实数。

$S[i]$ 的最小化是一个二次规划的优化问题，等同于求解下式，即

$$\begin{cases} \dfrac{\partial S[i]}{\partial i} = -\Delta i + \alpha(i-f) - \beta \Delta(i-f) = 0, & i > f \\ i = f \end{cases} \quad (2.20)$$

式中，Δ 代表拉普拉斯运算，可以用下面的卷积核来近似，即

$$\kappa_L = \begin{bmatrix} 0 & 1 & 0 \\ 1 & -4 & 1 \\ 0 & 1 & 0 \end{bmatrix} \quad (2.21)$$

2.3.2 光照分量提取

根据函数逼近理论，任何函数都可以由一组基函数的线性组合来近似达到任意的精度。因此，将光照分量表示为

$$i(x,y) = \sum_{k=1}^{m} \omega_k b_k(x,y) \quad (2.22)$$

式中，ω_k 是拟合系数；$b_k(x,y)$ 是基函数；m 是选择进行拟合的函数数量。

考虑到实际计算的可行性与简便性，选择 Legendre 正交多项式作为拟合函数为

$$b(x,y) = \left\{ 1, x, y, xy, \frac{1}{2}(3x^2-1), \frac{1}{2}(3y^2-1), \frac{1}{2}(3x^2-1)y, \frac{1}{2}x(3y^2-1), \cdots \right\} \quad (2.23)$$

把式（2.20）中的光照分量 i 用式（2.22）代替，化简可得

$$(-1-\beta)\sum_{k=1}^{m} \omega_k \Delta b_k + \alpha \sum_{k=1}^{m} \omega_k b_k = \alpha f - \beta \Delta f \quad (2.24)$$

式中，$\omega_k (k=1,2,\cdots,m)$ 是未知的系数，可以使用最小二乘法来估计。

一旦得到了 $\omega_k (k=1,2,\cdots,m)$，光照分量 i 就可以根据式（2.22）得到，且 $I = \exp(i)$。图 2-11 所示是一个光照提取的例子。

（a）光照不均图像

（b）提取出的光照分量

图 2-11 光照提取

2.3.3 光照不均评价指标设计

根据 2.3.2 节提取的一幅图像中的光照分量，设计评价指标对图像中的光照不均程度进行评价。假设把光照图像 I 分成 $M \times N$ 个矩形块，则对于没有光照不均的图像，相邻块之间的平均灰度差值很小，而光照不均越严重，这个差值会越大。因此，可以使用光照分量的平均梯度 AGIC（Average Gradient of Illumination Component）来评价光照不均的程度。首先，对于块 (i,j)、梯度 $g(i,j)$ 定义为块 (i,j) 与它的 8 个邻域块中最大的差值。

$$g(i,j) = \max |h(i,j) - h_k(i,j)|, \quad k = 1, 2, \cdots, 8 \tag{2.25}$$

式中，$i \in \{1, 2, \cdots, M\}$，$j \in \{1, 2, \cdots, N\}$；$h(i,j)$ 和 $h_k(i,j)$ 分别代表块 (i,j) 和它的第 k 个邻域的灰度均值。

注意一个现象，在一个安静的房间里很小的声音也能被听到，而在一个很吵闹的环境中，即使是大声呼喊也可能听不到。这是 Weber 定律的精髓，由德国的物理学家 Ernst Weber 在 1834 年提出。他指出一个刺激信号最小能被接收的变化 Δh 与信号的大小 h 呈线性关系。Weber 定律在光强度的接收中同样成立，也就是说接收的光强度变化与光的背景强度有关。把 Weber 定律考虑进去之后，新的梯度 $g_w(i,j)$ 定义为

$$g_w(i,j) = \frac{\max |h(i,j) - h_k(i,j)|}{h(i,j)} \tag{2.26}$$

平均梯度 AGIC 定义为

$$\text{AGIC} = \frac{1}{M \times N} \sum_{i=1}^{M} \sum_{j=1}^{N} g_w(i,j) \tag{2.27}$$

图 2-12 所示是具有不同程度光照不均的皮肤镜图像的 AGIC，可以看出，光照不均越严重，AGIC 的值越大，因此该指标能够正确反映光照不均的变化。

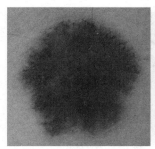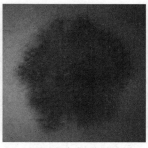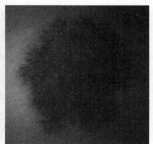

(a) 不同程度光照不均图像

图 2-12 光照不均评价结果

AGIC = 0.0200　　　　　　AGIC = 0.1975　　　　　　AGIC = 0.3491

（b）光照分量提取结果

图 2-12　光照不均评价结果（续）

2.4　模糊和光照不均混合失真情况下的评价

在实际的图像采集过程中，通常会有两种及以上的失真同时出现。针对模糊与光照不均同时出现的皮肤镜图像，本节通过离散余弦变换分离两种失真信号，在变换域设计质量评价模型中，确定质量评价标准。该评价方法既可以测量模糊或光照不均单一失真类型的失真程度，也可以适应两种失真同时存在的情况，评价结果互相独立且符合主观评价。

2.4.1　模糊和光照不均的频谱特性分析

图像的大致轮廓对应频域里的低频成分，图像的细节对应频域里的高频成分。图像的空间域与频域是一一对应的，空间域的失真必然会在频域里有所反映。由于模糊损失的是图像中的细节，在频域里表现为高频分量的减少、低频分量的增加。而光照不均在空间域中可以理解为理想图像叠加上一个渐变模板，即叠加了一个低频分量，所以光照不均在频域的表现同样是高频分量减少、低频分量增加。不同的失真类型代表不同的信号处理系统，其对图像频谱的影响也是不同的。根据这一思想，将具有模糊和光照不均的皮肤镜图像采用离散余弦变换映射到频域空间，对其频域特性进行分析。

离散余弦变换是与傅里叶变换相关的一种变换，它类似于离散傅里叶变换，但仅使用实数。离散余弦变换具有很强的"能量集中"特性：大多数自然信号（包括声音和图像）的能量都集中在离散余弦变换后的低频部分，而且当信号具有接近马尔可夫过程的统计特性时，离散余弦变换的去相关性接近于 K-L 变换的性能。对于 $N \times N$ 的图像 $f(x,y)$，二维离散余弦变换公式为

$$F(u,v) = \alpha(u)\alpha(v)\sum_{x=0}^{N-1}\sum_{y=0}^{N-1}f(x,y)\cos\left[\frac{(2x+1)u\pi}{2N}\right]\cos\left[\frac{(2y+1)v\pi}{2N}\right] \quad (2.28)$$

式中，$u = 0,1,2,\cdots,N-1$；$v = 0,1,2,\cdots,N-1$；$F(u,v)$ 是图像变换后的系数。当 $\lambda=0$ 时，$\alpha(\lambda)=\sqrt{\dfrac{1}{N}}$；当 $\lambda \neq 0$ 时，$\alpha(\lambda)=\sqrt{\dfrac{2}{N}}$。

直流分量与各频率交流分量的能量值可以近似为

$$E(0) = F(0,0)$$

$$E(i) = \dfrac{\sum\limits_{u=0}^{i}\sum\limits_{v=0}^{i}|F(u,v)| - \sum\limits_{u=0}^{i-1}\sum\limits_{v=0}^{i-1}|F(u,v)|}{2i+1} \quad (2.29)$$

式中，$i = 1,2,\cdots,N-1$；$|\cdot|$ 是取绝对值。

对 $E(i)$ 归一化，则

$$\text{Enormal}(i) = \dfrac{E(i)}{\sum\limits_i E(i)} \quad (2.30)$$

式中，$i = 0,1,2,\cdots,N-1$。

Enormal(0) 为归一化的直流分量的值，Enormal(1) 为归一化的第 1 交流分量的值。

为了探究模糊与光照不均对皮肤镜图像的影响，对一张不具有模糊和光照失真的皮肤图像通过计算机模拟添加不同程度的失真，如图 2-13 所示。对这一组图像进行离散余弦变换，并对频域分量进行统计，计算其直流分量及第 1～9 交流分量的能量值，结果如图 2-14 所示。从图 2-14（a）可以看出，不同程度的模糊表现在直流分量的大幅波动上，而对第 1～9 交流分量的影响非常小。从图 2-14（b）可以看出，不同程度的光照不均主要影响第 1 交流分量，而对于直流分量及第 2～9 交流分量的影响非常小。

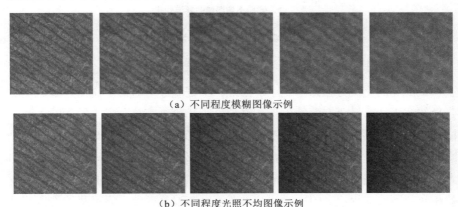

（a）不同程度模糊图像示例

（b）不同程度光照不均图像示例

图 2-13　模糊与光照不均图像示例

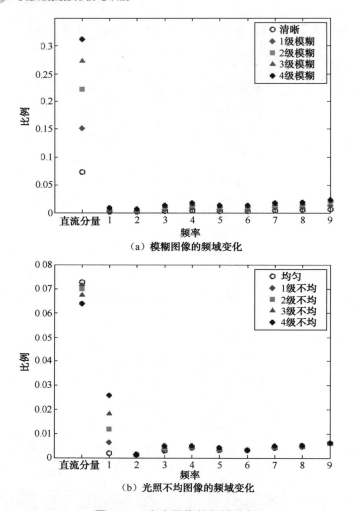

图 2-14 失真图像的频域分析

虽然两种失真信号对第 2~9 交流分量均有影响，但影响都非常小，对于频率更高的交流分量影响更小。因此，将直流分量与第 1 交流分量之外的分量忽略不计，只研究两种失真在直流分量和第 1 交流分量上的影响。假如模糊使图像的频谱只在直流分量有波动且不影响第 1 交流分量，光照不均只影响第 1 交流分量且对直流分量没有影响，那么，当图像中同时存在模糊和光照不均两种失真时，可以直接用直流分量和第 1 交流分量的变化来衡量模糊和光照不均的程度。但由于两种失真信号有混叠现象，须将两种失真信号分离开，使得两种失真互不影响或尽可能降低到可以忽略的程度，才能得到客观的评价结果。

因此，我们面临的问题是设计的评价指标既能很好表征模糊和光照不均的程度，又不会互相影响。这一问题，将在 2.4.2 节解决。

2.4.2 模糊和光照不均程度的设计

针对模糊失真，由于光照不均是一幅图像在整体上的失真，在一个小的区域范围内光照不均是可以忽略的，而模糊无论在多小的区域都是存在的。因此，将图像分块，计算每个小块的直流分量，用各个小块的直流分量平均值来表征整幅图像的模糊水平。这样就可以消除或降低光照不均对直流分量的影响，从而给出正确的模糊程度。

针对光照不均，一方面，由于模糊无论在多小的区域都存在，因此模糊对第 1 交流分量的影响可以由各个小块区域的第 1 交流分量的值体现出来。另一方面，光照不均属于全局性的失真信号，整幅图像的第 1 交流分量的变化将能够体现出光照不均的程度。这样，我们用整幅图像的第 1 交流分量减去各个小块第 1 交流分量的平均值，就可以消除或降低模糊对第 1 交流分量的影响，进而得到衡量光照不均的程度。

基于以上分析，我们设计模糊和光照不均的评价指标。假设将图像分为 $n \times n$ 个子块，对于第 j（$j = 1, 2, \cdots, n \times n$）个子块，其归一化的各频率分量 Enormal_block_j 同样可以由式（2.30）得到，则各子块的平均值为

$$\text{Enormal\_block} = \frac{1}{n \times n} \sum_{j=1}^{n \times n} \text{Enormal\_block}_j \quad (2.31)$$

则我们定义模糊 blur 和光照不均 non 的公式为

$$\begin{aligned} \text{blur} &= \text{Enormal\_block}(0) \\ \text{non} &= \text{Enormal}(1) - \text{Enormal\_block}(1) \end{aligned} \quad (2.32)$$

以上两个值分别表征模糊的程度和光照不均的程度。即模糊的程度由各个子块直流分量的平均值决定，光照不均程度由整个图像第 1 交流分量的值与各个子块第 1 交流分量平均值之差决定。

2.4.3 评价模型修正

经过 2.4.2 节的理论分析，我们已经找到了用来衡量模糊和光照不均的量 blur 与 non，可以直接用这两个值作为图像质量的评价值，值越大分别代表模糊程度与光照不均程度越大，然而究竟多大的值对应多大程度的失真并没有主观的感受。为了将评价值与主观感受结合起来，我们在给出评价结果前通过统计学习的方法对 blur 与 non 的值做一个非线性变换，修正 blur 与

non 的计算结果，以此作为最终的评价值。

首先，我们将一些失真图像按照不同的模糊程度分级，得到 $n+1$ 个等级的模糊图像集，其中 0 级代表清晰图像，$1\sim n$ 级代表模糊程度越来越高。同样，我们可以得到 $m+1$ 个等级的光照不均图像集。统计每一个图像的相应模糊和光照不均特征值，将一个图集的平均值作为该水平的特征值。这样就得到了 blur_i ($i=0,1,\cdots,n$)、non_j ($j=0,1,\cdots,m$) 共 $n+m+2$ 个特征值。对待评价的图像计算其特征值 blur 与 non，其模糊的评价值为

$$\text{BL} = \begin{cases} 0, & b \leqslant b_0 \\ \dfrac{b-b_{i-1}}{b_i-b_{i-1}}+(i-1), & b_{i-1} \leqslant b \leqslant b_i \\ n, & b_n < b \end{cases} \qquad (2.33)$$

式中，$i=1,2,\cdots,n$；b 代表 blur。

同理，其光照不均的评价值为

$$\text{NL} = \begin{cases} 0, & n \leqslant n_0 \\ \dfrac{n-n_{i-1}}{n_i-n_{i-1}}+(i-1), & n_{i-1} \leqslant n \leqslant n_i \\ m, & n_m < n \end{cases} \qquad (2.34)$$

式中，$i=1,2,\cdots,m$；n 代表 non。

经此变换，模糊与光照不均的评价值分别被限定在了 $n+1$ 和 $m+1$ 个级别。在实际应用中，n 和 m 的取法可以根据需要自行设定。例如，我们将 n 和 m 均取为 4，即 5 个等级的模糊和 5 个等级的光照不均，其中，0 代表无失真，4 则代表最高级别的模糊或光照不均失真。这样，我们就可以从计算结果很直观地判断该幅图像的失真程度。例如，针对一个图像集，根据式（2.33）计算其中一幅图像的模糊值是 3.2，则可以判断该图像大致为 3 级模糊，如果根据式（2.34）计算该幅图像的光照不均值是 1.7，则可以判断该图像接近 2 级光照不均。

2.5 毛发遮挡评价

人体存在毛发，人体毛发在皮肤镜图像采集过程中不可避免，图 2-15 中展示了一组不同毛发遮挡程度的皮肤镜图像。在临床应用中，尤其在计算机辅助诊断系统中，由于毛发遮挡了皮损区域的边缘和纹理信息，严重影响分割的精度，同时也会影响皮损特征的提取，从而导致分析的不准确，影响诊断结果。

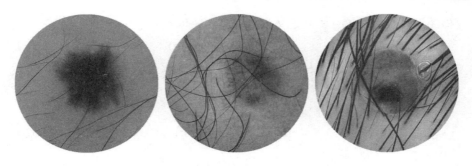

图 2-15 一组不同毛发遮挡程度的皮肤镜图像

本节介绍一种基于毛发分布特性的皮肤镜图像毛发遮挡程度的无参考评价方法。毛发分布特征的提取是建立在毛发提取的基础上的，因此，我们先给出毛发提取的方法，然后根据毛发的分布特性设计毛发遮挡程度的评价指标。

2.5.1 毛发提取

毛发可以看作一种曲线目标，对于毛发的检测可以看成对曲线目标的检测。由于在毛发检测的过程中会有非毛发的噪声出现，因此，在毛发提取后需要对非毛发噪声进行滤除。

1. 毛发的检测

毛发有强有弱，而弱毛发与周围像素的对比度很小，且经常有毛发与皮损目标同等亮度的情况发生。毛发的检测包括毛发增强和分割两部分。本节我们介绍两种毛发目标检测的方法。

1）基于 Top-Hat 变换的毛发目标检测

Top-Hat 变换是常用的一种形态学滤波器，具有高通滤波的某些特性，利用它可以从图像中检测出较周围背景亮的结构，也可以检测出较周围背景暗的结构。根据开、闭运算的不同，Top-Hat 变换可分为开 Top-Hat 变换和闭 Top-Hat 变换。

令 f 为输入图像，g 为结构元素，利用 g 对 f 做开运算，用符号 $f \circ g$ 表示，其定义为

$$f \circ g = (f \ominus g) \oplus g \tag{2.35}$$

式中，$f \ominus g$ 表示 f 被 g 腐蚀；$f \oplus g$ 表示 f 被 g 膨胀。即开运算是 f 先被 g 腐蚀，然后再被 g 膨胀的结果。

闭运算是开运算的对偶运算，定义为先做膨胀然后再做腐蚀。利用 g 对

f 做闭运算表示为 $f \cdot g$，其定义为

$$f \cdot g = [f \oplus (-g)] \Theta (-g) \qquad (2.36)$$

式中，$-g$ 是 g 关于坐标原点的对称集，由 g 相对原点旋转 $180°$ 得到。即闭运算是用 $-g$ 对 f 做膨胀，将其结果再用 $-g$ 做腐蚀。

开 Top-Hat 变换算子定义为

$$\mathrm{HAT}(f) = f - (f \circ g) \qquad (2.37)$$

式中，g 是结构元素。

因为开运算是一种非扩展运算，处理过程处在原始图像的下方，所以 $\mathrm{HAT}(f)$ 总是非负的。图 2-16 用一维信号给出了开 Top-Hat 算子的一个例子，采用的结构元素 g 为一扁平结构元素，其长度较原始信号的跳跃尖峰宽度稍大一点。从图 2-16 可以看到，信号中的峰值被检测出来了。

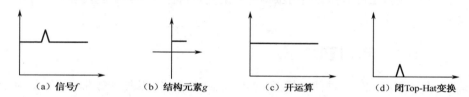

（a）信号 f　　（b）结构元素 g　　（c）开运算　　（d）闭 Top-Hat 变换

图 2-16　开 top-hat 变换示意图

式（2.37）的对偶算子称为闭 Top-Hat 变换，其定义为

$$\mathrm{Vally}(f) = (f \cdot g) - f \qquad (2.38)$$

由于闭运算是扩展的，其处理结果位于输入图像的上部，因此根据式（2.38），闭 Top-Hat 变换的输出结果也是非负的。图 2-17 给出了一维信号的闭 Top-Hat 算子的一个例子，从图 2-17 可以看到，信号中的谷值被检测出来了。

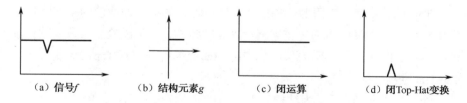

（a）信号 f　　（b）结构元素 g　　（c）闭运算　　（d）闭 Top-Hat 变换

图 2-17　闭 Top-Hat 变换示意图

由 Top-Hat 变换的定义可知，开 Top-Hat 算子能检测出图像中的峰结构，因此也叫波峰检测器。闭 Top-Hat 算子，能检测出图像中的谷结构，因此也叫波谷检测器。在皮肤镜图像中，毛发的亮度值较周围像素要暗，恰好可以

看作波谷信号。图 2-18（b）是对图 2-18（a）做波谷检测的结果，可以看出，弱毛发和强毛发一起被凸显出来，毛发区域与其他非毛发像素间的对比度大大提高了。

毛发被增强后变成图像中的高亮区，且其面积在图像中占有一定比例，根据经验，该比例约为 5%，图 2-18（c）是按此比例对图 2-18（b）进行二值化的结果，可以看出，图像中的毛发连同一些其他噪声都被检测出来了。

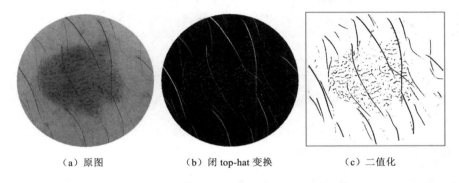

（a）原图　　　　　　（b）闭 top-hat 变换　　　　　（c）二值化

图 2-18　基于 Top-Hat 变换的毛发目标检测

2）基于各向同性非线性滤波的毛发目标检测

各向同性非线性滤波（Isotropic Nonlinear Filtering）是 Liu 等人 2007 年提出的一种宽线增强技术。该方法的核心思想是通过统计周围像素的亮度与中心像素亮度相似的个数，从而达到增强的目的。这种相似度按下面公式进行量化，即

$$s(x, y, x_0, y_0, t) = \begin{cases} 1, & \text{if } f(x,y) - f(x_0, y_0) \leq t \\ 0, & \text{if } f(x,y) - f(x_0, y_0) > t \end{cases} \quad (2.39)$$

式中，(x_0, y_0) 是探测器中心所在位置像素点的坐标；(x, y) 是探测器所覆盖的像素点坐标；$f(x, y)$ 是像素点 (x, y) 的亮度值；t 是亮度对比度阈值。

不妨认为探测器（圆形模板）中所有像素点的权重相等，则中心点的各向同性非线性滤波响应 $m(x_0, y_0)$ 可按下式计算，即

$$m(x_0, y_0) = \frac{\sum_x \sum_y s(x, y, x_0, y_0, t)}{\sum_x \sum_y}, \quad (x, x_0)^2 - (y, y_0)^2 \leq r^2 \quad (2.40)$$

式中，r 是圆形模板的半径。

在图 2-19 中，探测器在图像 a、b、c、d 的 4 个不同位置。m 的取值在 $[0, 1]$ 之间。在位置 a 时，模板完全在亮色的背景区域，模板内的像素点亮度值和中心模板接近，则 m 值很大；而当探测器经过 c 点时，由于中心

点移动到暗色宽线上,有满足 $f(x,y)-f(x_0,y_0)>t$ 的像素点存在,m 值减小;到达 d 点(宽线的中心线上),m 值达到最小,从而到达增强宽线的目的。

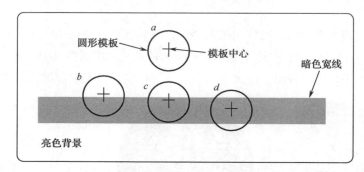

图 2-19　探测器放置在 a、b、c、d 的 4 个不同位置

为了避免当亮度差值在接近阈值 t 时的轻微变化而引起 s 的大幅度变化,用式(2.41)替代式(2.39),则

$$s(x,y,x_0,y_0,t)=\text{sech}\left\{\frac{\alpha[f(x,y)-f(x_0,y_0)]}{t}\right\}^5 \quad (2.41)$$

式中,$\text{sech}(x)=2/(e^x+e^{-x})$,$\alpha=\begin{cases}1, & f(x,y)-f(x_0,y_0)>0 \\ 0, & \text{else}\end{cases}$。

各向同性非线性滤波宽线增强方法有两个关键参数,亮度对比度阈值 t 和圆形模板的半径 r。一般 t 取图像亮度标准差,r 大于 1.25 倍的线宽。此外,式(2.41)中 $f(x,y)$ 和 $f(x_0,y_0)$ 交换位置,可以增强比周围背景亮的宽线。图 2-20(b)是 2-20(a)利用各向同性非线性滤波增强的结果,增强图像负相后结果以突显毛发($r=15$)。$m\in[0,1]$,我们利用 $m=0.5$ 的阈值对增强图像进行二值化处理,得到如图 2-20(c)的二值化结果。同样,图像中的毛发连同一些其他噪声都被检测出来了。

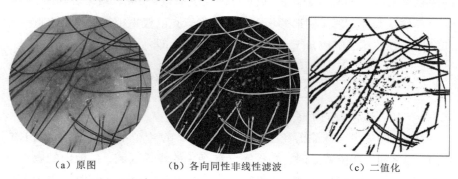

（a）原图　　　　（b）各向同性非线性滤波　　　　（c）二值化

图 2-20　基于各向同性非线性滤波的毛发目标检测

2. 非毛发噪声去除

从图 2-18 和图 2-20 的二值化结果中可以看到，毛发所在的连通区域比较大，且跨度比较长，而其他非毛发连通区域则相对要小而短，那么，一种简单办法是用连通区域的长短或者面积大小作为提取毛发的测度，但是仍然有一部分较短的毛发与较长的非毛发连通区域无法分离，因而无法取得预期的结果。本节介绍一种基于延伸性特征函数的非毛发噪声的滤除方法。

定义 1 给定一个连通区域 R，若其中轴的长度为 l，则其扩展面积 EA（Expand Area）是由其中轴所能扩展成的最大正方形的面积，即

$$EA = l^2 \tag{2.42}$$

定义 1 的几何解释如图 2-21 所示，图 2-21（c）中正方形面积就是图 2-21（a）的扩展面积。从图 2-21 可知，一个连通区域的中轴越长，其可扩展的面积就越大。

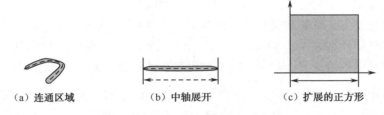

（a）连通区域　　（b）中轴展开　　（c）扩展的正方形

图 2-21　延伸性特征函数的几何解释

定义 2 给定一个连通区域 R，定义其延伸性特征函数 $E(R)$ 为其扩展面积与实际面积之比，即

$$E(R) = EA / RA = l^2 / RA \tag{2.43}$$

式中，RA 是连通区域的实际面积。

由此，延伸性特征函数代表了单位面积内连通成可扩展面积的大小，它是与 l、RA 相关的函数。针对式（2.43），我们讨论如下。

（1）若 l 一定，随着实际面积 RA 减小，连通区域将越来越细，此时连通区域的延伸性增强，$E(R)$ 增大。

（2）若 RA 一定，随着 l 增大，连通区域将越细越长，此时连通区域的延伸性增强，$E(R)$ 增大。

因此，对于一个线状（条带状）目标，如果它越细越长，它的延伸性就越强，延伸特征函数值就越大。相对于非毛发连通区域，毛发所在连通区域一般较细较长，其延伸性特征函数值 E 偏大，因此，可以根据具体情况选取

一个恰当的阈值 T，将延伸性特征值 E 大于 T 的连通区域判定为毛发目标。图 2-22 是应用式（2.43）作为延伸性测度从图 2-18（c）提取出来的毛发区域，可见，延伸性特征函数能够作为提取毛发的有效测度。

图 2-22　基于延伸性测度的毛发区域提取

对于多个毛发交叉的情况，如图 2-22 中椭圆内部所示，假设有 n 个毛发目标彼此交叉，它们的延伸性分别为 $E_i = l_i^2 / \mathrm{RA}_i$，$i = 1, 2, \cdots, n$，则整个交叉目标的延伸性是 $E_c = (l_1 + l_2 + \cdots + l_n)^2 / (\mathrm{RA}_1 + \mathrm{RA}_2 + \cdots + \mathrm{RA}_n)$。如果其中最小的延伸性函数值是 $E_{\min} = \underset{i}{\mathrm{Min}}\{E_i\}$，则很容易证明 $E_c > E_{\min}$。这也就是说，对于有多个条带状目标彼此交叉的情况，如果其中具有最小延伸性函数值的目标能够作为毛发被提取出来，那么整个交叉目标也会被作为一个整体而提取出来。因此，式（2.43）（延伸性函数）对于多毛发交叉的情况同样有效。

2.5.2　毛发遮挡评价指标设计

对于皮肤镜图像，毛发遮挡程度与毛发的分布特性有关，主要包含 3 个方面：毛发的含量、毛发的位置及毛发的离散度。很明显，毛发含量越多，皮肤镜图像被遮挡的信息损失越多。在皮肤镜图像临床诊断中，医生更加关注的是皮损区域，所以相比于分布在健康皮肤区域的毛发，分布在皮损区域的毛发对有用信息的遮挡会更加严重。此外，聚集在一起的毛发比散开的毛发具有更强的遮挡能力。综合这三个因素，我们给出毛发遮挡程度的评价指标。

给定一副 $M \times N$ 大小的图像，毛发的遮盖率 C_c 定义如下，即

$$C_c = \frac{\omega_1 A_{\mathrm{hairLesion}} + \omega_2 A_{\mathrm{hairHealth}}}{M \times N} \quad （2.44）$$

式中，$A_{\mathrm{hairLesion}}$ 和 $A_{\mathrm{hairHealth}}$ 分别表示皮损区域和健康皮肤区域中毛发的面积（像素数）；ω_1 和 ω_2 是相应的权重，且 $\omega_1 > \omega_2$。

从式（2.44）可以看出，毛发的遮盖率 C_c 与两个因素有关，分别是毛发的含量和毛发所在的位置，它表示带有不同遮挡权重的毛发面积占整幅图像大小的比例。显然，C_c 的值越大，信息被毛发遮挡得越严重。

毛发的离散度按式（2.45）计算，即

$$C_d = \frac{1}{n}\sum_{i=1}^{n}\sqrt{(x_i - \overline{x})^2 + (y_i - \overline{y})^2} \quad (2.45)$$

式中，n 是图像中所有毛发的像素个数；(x_i, y_i) 是第 i 个毛发像素点的坐标，$(\overline{x}, \overline{y})$ 是所有毛发像素点的中心坐标；$\overline{x} = \frac{1}{n}\sum_{i=1}^{n}x_i$，$\overline{y} = \frac{1}{n}\sum_{i=1}^{n}y_i$。

C_d 值越大，毛发分布越分散。

结合遮盖率和离散度，我们给出毛发遮挡程度指标为

$$C = \frac{C_c}{C_d} \quad (2.46)$$

从式（2.46）可以看出，对于一幅皮肤镜图像，其中所含毛发越多越密集，C 值就越大，从而表现出的毛发遮挡程度越严重。

式（2.44）中，要判断毛发像素点是在皮损区域还是在健康皮肤区域，可以设定不同的权重，所以在计算 C 值之前，要对皮肤镜图像的皮损区和健康皮肤区进行分割。考虑到毛发会影响精确分割的结果，我们利用大津阈值的方法在非毛发的皮肤区域进行分割，得到皮损区和健康的皮肤区。图 2-23 给出了一个带有毛发的皮肤镜图像分割实例。其中，图 2-23（a）是原始图像，图 2-23（b）是采用 2.5.1 节的毛发检测方法提取出的毛发，图 2-23（c）是掩模模板，由图 2-23（b）取负相得到，其黑色区域代表要分割的区域，在模板图 2-23（c）的作用下，对图 2-23（a）进行二值化，得到分割结果图 2-23（d）。那么根据毛发像素的坐标和皮损目标在图像中的位置便可以确定毛发像素点是否在皮损区域还是在健康皮肤区域，从而可以通过式（2.46）计算毛发遮挡程度的指标。

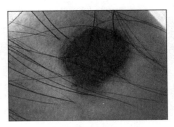 

（a）原始图像　　　　　　　（b）检测出的毛发目标

图 2-23　带有毛发的皮肤镜图像分割实例

（c）皮肤目标模板　　　　　　　　（d）分割结果

图 2-23　带有毛发的皮肤镜图像分割实例（续）

本章小结

皮肤镜图像在采集的过程中经常会出现质量问题，如果在图像送入计算机自动分析系统前能够对图像进行质量评价，并将具有严重质量问题的图像进行淘汰或者通知用户重新采集，则可以有效提高皮肤镜图像自动分析诊断的准确性。由于每个人的皮肤颜色纹理不同，病变类型不同，不可能获得每一幅采集图像的无失真参考图像，因此需要无参考的评价方法。影响皮肤镜图像质量的因素主要包括毛发遮挡、模糊和光照不均等，本章介绍了这几种质量因素的无参考的质量评价方法。目前，国际上对皮肤镜图像质量评价的研究还不深入，对皮肤镜图像质量评价的算法还有待进一步完善。

本章参考文献

[1] 谢凤英. 基于计算智能的皮肤镜黑素细胞瘤图像分割与识别[D]. 北京：北京航空航天大学，2009.

[2] 卢亚楠. 皮肤镜图像的质量评价与复原方法研究[D]. 北京：北京航空航天大学，2016.

[3] 梅晓峰. 皮肤镜图像光照不均去除算法研究[D]. 北京：北京航空航天大学，2017.

[4] 李阳. 皮肤镜图像的多模式分类算法研究[D]. 北京：北京航空航天大学，2016.

[5] 杨文峯. 皮肤镜图像质量综合评价方法研究[D]. 北京：北京航空航天大学，2014.

[6] 谢凤英，赵丹培，李露，等. 数字图像处理及应用[M]. 北京：电子工业出版社，2016.

[7] 卢亚楠，谢凤英，周世新，等. 皮肤镜图像散焦模糊与光照不均混叠时的无参考质量评价[J]. 自动化学报，2014, 40(3): 480-488.

[8] 杨文峯，谢凤英，姜志国，等. 基于 BP 神经网络的皮肤镜图像质量评价[J]. 中国体视学与图像分析，2014 (1): 23-28.

[9] 谢凤英，秦世引，姜志国，等. 黑素瘤图像毛发遮挡信息的非监督修复[J]. 仪器仪表学报，2009 (4): 699-705.

[10] Lu Y, Xie F, Wu Y, et al. No reference uneven illumination assessment for dermoscopy images[J]. IEEE Signal Processing Letters, 2014, 22(5): 534-538.

[11] Xie F, Li Y, Meng R, et al. No-reference hair occlusion assessment for dermoscopy images based on distribution feature[J]. Computers in Biology and Medicine, 2015, 59: 106-115.

[12] Lu Y, Xie F, Liu T, et al. No reference quality assessment for multiply-distorted images based on an improved bag-of-words model[J]. IEEE Signal Processing Letters, 2015, 22(10): 1811-1815.

[13] Xie F, Lu Y, Bovik A C, et al. Application-driven no-reference quality assessment for dermoscopy images with multiple distortions[J]. IEEE Transactions on Biomedical Engineering, 2015, 63(6): 1248-1256.

[14] Lu Y, Xie F, Jiang Z, et al. Objective method to provide ground truth for IQA research[J]. Electronics letters, 2013, 49(16): 987-989.

[15] Lu Y, Xie F, Jiang Z, et al. Blind deblurring for dermoscopy images with spatially-varying defocus blur[C]. 2016 IEEE 13th International Conference on Signal Processing (ICSP). IEEE, 2016: 7-12.

[16] Lu Y, Xie F, Jiang Z. Kernel estimation for motion blur removal using deep convolutional neural network[C]. 2017 IEEE International Conference on Image Processing (ICIP). IEEE, 2017: 3755-3759.

[17] Xie F Y, Qin S Y, Jiang Z G, et al. PDE-based unsupervised repair of hair-occluded information in dermoscopy images of melanoma[J]. Computerized Medical Imaging and Graphics, 2009, 33(4): 275-282.

第 3 章
皮肤镜图像的预处理

　　一般来说，图像预处理技术包括图像增强和复原两类处理方法。图像在生成、传输或变换的过程中，由于多种因素的影响，会造成图像质量下降、图像模糊、特征淹没，给分析和识别带来困难。图像增强是按特定的需要将图像中感兴趣的特征有选择地突出，衰减不需要的特征，提高图像的可理解度。图像复原则是利用导致图像退化的先验知识，建立图像退化的数学模型，然后通过图像退化的逆过程进行恢复，以获得清晰的原始图像。图像增强技术能够满足人的视觉系统并具有好的视觉效果，其更偏向主观判断，增强后的图像可能与原始图像有一定的差异。而图像复原技术则是根据图像畸变或退化的原因，将图像退化的过程模型化，将质量退化的图像重建或恢复原始图像，其具有很强的客观性。

　　很多时候，在实际的应用中，一个具体的图像预处理方法经常要结合各种图像处理方法来综合完成，而很难将其划分为单一的图像复原或者是图像增强范畴。影响皮肤镜图像的质量因素主要包括模糊、光照不均和毛发遮挡等。对于质量问题严重的图像，我们采用第 2 章的质量评价方法将其滤除掉，并要求用户重新采集。而对于那些有质量问题但问题并不是很严重的图像，则可采用图像增强或复原技术来提高图像的质量。皮肤镜图像的模糊主要是散焦模糊，有时也会是采集时人体抖动引起的运动模糊，本章只介绍皮肤镜图像散焦模糊的复原问题。对于光照不均和毛发遮挡问题，本书 2.3 节和 2.5 节中已经介绍了光照成分的提取及毛发的检测，本章在此基础上介绍光照不均和毛发的去除方法。高斯噪声和皮肤的正常纹理也经常是影响图像分割的因素，本章最后一节（3.4 节）介绍皮肤镜图像的平滑去噪，它们是皮肤镜图像预处理中经常用到的滤波方法。

3.1 散焦模糊的复原

3.1.1 图像的退化与复原过程

图像复原的关键是建立图像退化的数学模型,不同的图像产生系统具有不同的图像退化模型。将图像退化过程描述成一个退化系统,这里的原图像 $f(x,y)$ 通过一个系统 H,并与加性噪声 $n(x,y)$ 相加退化成图像 $g(x,y)$,其过程如图 3-1 所示。

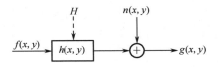

图 3-1　图像的退化模型

图像复原可以看成一个预测估计的过程,由已给出的退化图像 $g(x,y)$ 估计出系统参数 H,从而近似地恢复出 $f(x,y)$。这样图像退化过程的数学表达式就可以为

$$g(x,y) = H[f(x,y)] + n(x,y) \\ = f(x,y) * h(x,y) + n(x,y) \quad (3.1)$$

式中,$f(x,y)$ 是输入的清晰图像;$h(x,y)$ 是系统的冲击响应;$n(x,y)$ 是加性噪声;$g(x,y)$ 是输出的降质图像。

在这个模型中,图像降质过程被模型化为 $f(x,y)$ 与 $h(x,y)$ 的卷积,并与 $n(x,y)$ 联合作用产生 $g(x,y)$。

式(3.1)中,$H[\cdot]$ 可理解为综合所有退化因素的函数或算子。抽象地讲,在不考虑加性噪声 $n(x,y)$ 时,图像退化的过程也可以看作一个变换 H,即

$$H[f(x,y)] \to g(x,y) \quad (3.2)$$

由 $g(x,y)$ 求得 $f(x,y)$,就是寻求逆变换 H^{-1},使得 $H^{-1}[g(x,y)] \to f(x,y)$。

图像复原的过程,就是根据退化模型及原图像的某些知识,设计一个恢复系统 $p(x,y)$,以退化图像 $g(x,y)$ 作为输入,该系统应使输出的恢复图像 $\hat{f}(x,y)$ 按某种准则最接近原图像 $f(x,y)$,图像的退化及复原的过程如图 3-2 所示。

式中,$h(x,y)$ 和 $p(x,y)$ 分别称为成像系统和恢复系统的冲激响应。

在光学中冲激为一光点,因此 $h(x,y)$ 又称为退化过程的点扩散函数(PSF)。

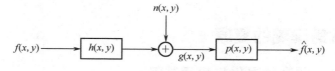

图 3-2　图像退化及复原的过程

系统 H 的分类方法很多，可分为线性系统和非线性系统、时变系统和非时变系统、集中参数系统和分布参数系统、连续系统和离散系统等。

线性系统就是具有均匀性和相加性的系统。当不考虑加性噪声 $n(x,y)$ 时，即令 $n(x,y)=0$，则图 3-1 所示系统可表示为

$$g(x,y) = H[f(x,y)] \tag{3.3}$$

两个输入信号 $f_1(x,y)$、$f_2(x,y)$ 对应的输出信号为 $g_1(x,y)$、$g_2(x,y)$，如果有

$$\begin{aligned}H[k_1 f_1(x,y) + k_2 f_2(x,y)] &= H[k_1 f_1(x,y)] + H[k_2 f_2(x,y)] \\ &= k_1 g_1(x,y) + k_2 g_2(x,y)\end{aligned} \tag{3.4}$$

则系统 H 是一个线性系统，k_1、k_2 为常数。

线性系统的这种特性为求解多个激励情况下的输出响应带来很大方便。

如果一个系统的参数不随时间变化，即称为时不变系统或非时变系统，否则，该系统为时变系统。与此相对应，对二维函数来说，如果有

$$H[f(x-\alpha, y-\beta)] = g(x-\alpha, y-\beta) \tag{3.5}$$

则 H 是空间不变系统（或称位置不变系统），其中，α、β 分别是空间位置的位移量。式（3.5）表示图像中的任一点通过该系统的响应只取决于在该点的输入值，而与该点的位置无关。

如果系统 H 有式（3.4）和式（3.5）的关系，那么系统就是线性和空间位置不变的系统。在图像复原处理中，非线性和空间变化的系统模型虽然更具普遍性和准确性，但它却给处理工作带来巨大困难，它常常没有解或很难用计算机来处理。实际的成像系统在一定条件下往往可以近似地视为线性和空间不变的系统，因此在图像复原处理中，往往用线性和空间不变性的系统模型加以近似。这种近似使线性系统理论中的许多知识可以直接用于解决图像复原问题，所有图像复原处理特别是数字图像复原处理主要采用线性的空间不变复原技术。

3.1.2　连续函数的退化模型

单位冲激函数 $\delta(t)$ 是一个振幅在原点之外所有时刻为零，而在原点处振

幅为无穷大、宽度无限小、面积为 1 的窄脉冲，其时域表达式为

$$\delta(t) = \begin{cases} \infty, & t = 0 \\ 0, & t \neq 0 \end{cases} \quad \int_{-\infty}^{+\infty} \delta(t) \mathrm{d}t = 1 \tag{3.6}$$

$\delta(t)$ 的卷积取样为

$$f(x) = \int_{-\infty}^{+\infty} f(x-t)\delta(t)\mathrm{d}t \tag{3.7}$$

或

$$f(x) = \int_{-\infty}^{\infty} f(t)\delta(x-t)\mathrm{d}t \tag{3.8}$$

上述的一维时域冲激函数 $\delta(t)$ 可推广到二维空间域中，从而可把 $f(x,y)$ 写成下面的积分形式，即

$$f(x,y) = \int_{-\infty}^{+\infty} \int_{-\infty}^{+\infty} f(\alpha,\beta)\delta(x-\alpha, y-\beta)\mathrm{d}\alpha\,\mathrm{d}\beta \tag{3.9}$$

由于 $g(x,y) = H[f(x,y)] + n(x,y)$，如果令 $n(x,y) = 0$，同时考虑到 H 为线性算子，则

$$\begin{aligned}
g(x,y) &= H[f(x,y)] \\
&= H\left[\int_{-\infty}^{+\infty}\int_{-\infty}^{+\infty} f(\alpha,\beta)\delta(x-\alpha, y-\beta)\mathrm{d}\alpha\,\mathrm{d}\beta\right] \\
&= \int_{-\infty}^{+\infty}\int_{-\infty}^{+\infty} H[f(\alpha,\beta)\delta(x-\alpha, y-\beta)]\mathrm{d}\alpha\,\mathrm{d}\beta \\
&= \int_{-\infty}^{+\infty}\int_{-\infty}^{+\infty} f(\alpha,\beta)H[\delta(x-\alpha, y-\beta)]\mathrm{d}\alpha\,\mathrm{d}\beta
\end{aligned} \tag{3.10}$$

令 $h(x,\alpha,y,\beta) = H[\delta(x-\alpha, y-\beta)]$，则有

$$g(x,y) = \int_{-\infty}^{+\infty}\int_{-\infty}^{+\infty} f(\alpha,\beta)h(x,\alpha,y,\beta)\mathrm{d}\alpha\,\mathrm{d}\beta \tag{3.11}$$

式中，$h(x,\alpha,y,\beta)$ 是系统 H 的冲激响应，即 $h(x,\alpha,y,\beta)$ 是系统 H 对坐标为 (α,β) 处的冲激函数 $\delta(x-\alpha, y-\beta)$ 的响应。

式（3.11）说明，若系统 H 对冲激函数的响应为已知，则对任意输入 $f(x,y)$ 的响应均可由式（3.11）求得，也就是说，线性系统 H 完全可由其冲激响应来表征。

当系统 H 空间位置不变时，则

$$h(x-\alpha, y-\beta) = H[\delta(x-\alpha, y-\beta)] \tag{3.12}$$

这样就有

$$g(x,y) = \int_{-\infty}^{+\infty}\int_{-\infty}^{+\infty} f(\alpha,\beta)h(x-\alpha, y-\beta)\mathrm{d}\alpha\,\mathrm{d}\beta \tag{3.13}$$

即系统 H 对输入 $f(x,y)$ 的响应就是系统输入信号 $f(x,y)$ 与系统冲激响应的卷积。

考虑加性噪声 $n(x,y)$ 时，式（3.11）可为

$$g(x,y) = \int_{-\infty}^{+\infty} \int_{-\infty}^{+\infty} f(\alpha,\beta)h(x,\alpha,y,\beta)\mathrm{d}\alpha\,\mathrm{d}\beta + n(x,y) \quad (3.14)$$

式中，$n(x,y)$ 与图像中的位置无关。

3.1.3 离散函数的退化模型

在连续的退化模型中，把 $f(\alpha,\beta)$ 和 $h(x-\alpha,y-\beta)$ 进行均匀取样后就可以得到离散的图像退化模型。在实际应用中，图像和点扩散函数都是离散的。

分别给出大小为 $A \times B$ 和 $C \times D$ 的两幅图像 $f(x,y)$ 和 $h(x,y)$，将两幅图像周期性地拓展成大小为 $M \times N$ 的图像，即

$$f_e(x,y) = \begin{cases} f(x,y), & 0 \leq x \leq A-1 \text{ 且 } 0 \leq y \leq B-1 \\ 0, & A-1 < x \leq M-1 \text{ 或 } B-1 \leq y \leq N-1 \end{cases} \quad (3.15)$$

$$h_e(x,y) = \begin{cases} h(x,y), & 0 \leq x \leq C-1 \text{ 且 } 0 \leq y \leq D-1 \\ 0, & C-1 < x \leq M-1 \text{ 或 } D-1 \leq y \leq N-1 \end{cases} \quad (3.16)$$

如果把延伸函数 $f_e(x,y)$ 和 $h_e(x,y)$ 作为 x 和 y 方向上周期分别为 M 和 N 的二维周期函数来处理，那么 $f_e(x,y)$ 和 $h_e(x,y)$ 的二维离散卷积为

$$g_e(x,y) = \sum_{m=0}^{M-1}\sum_{n=0}^{N-1} f_e(m,n)h_e(x-m,y-n) \quad (3.17)$$

式中，$x=0,1,2,\cdots,M-1$；$y=0,1,2,\cdots,N-1$。

显然，$g_e(x,y)$ 也为周期函数，为了避免混叠，M 和 N 应选为 $M \geq A+C-1$，$N \geq B+D-1$。

如果把噪声项 $n(x,y)$ 也离散化，并将其周期性地延拓成 $M \times N$，记为 $n_e(x,y)$，那么图像退化的离散模型就可以表示为

$$g_e(x,y) = \sum_{m=0}^{M-1}\sum_{n=0}^{N-1} f_e(m,n)h_e(x-m,y-n) + n_e(x,y) \quad (3.18)$$

式（3.18）图像退化的离散模型也可用矩阵表示为

$$\boldsymbol{g} = \boldsymbol{H}\boldsymbol{f} + \boldsymbol{n} \quad (3.19)$$

式中，$\boldsymbol{g}$、$\boldsymbol{f}$、$\boldsymbol{n}$ 均为 $M \times N$ 维列向量，这些列向量是由 $M \times N$ 维的函数矩阵 $[f_e(x,y)]$、$[g_e(x,y)]$ 和 $[n_e(x,y)]$ 的各行堆叠而成的。

$\boldsymbol{H}$ 为 $MN \times MN$ 维矩阵，即

$$\boldsymbol{H} = \begin{bmatrix} \boldsymbol{H}_0 & \boldsymbol{H}_{M-1} & \boldsymbol{H}_{M-2} & \cdots & \boldsymbol{H}_1 \\ \boldsymbol{H}_1 & \boldsymbol{H}_0 & \boldsymbol{H}_{M-1} & \cdots & \boldsymbol{H}_2 \\ \boldsymbol{H}_2 & \boldsymbol{H}_1 & \boldsymbol{H}_0 & \cdots & \boldsymbol{H}_3 \\ \vdots & \vdots & \vdots & \ddots & \vdots \\ \boldsymbol{H}_{M-1} & \boldsymbol{H}_{M-2} & \boldsymbol{H}_{M-3} & \cdots & \boldsymbol{H}_0 \end{bmatrix} \quad (3.20)$$

式中，每个 $\boldsymbol{H}_j$ 都是一个 $N \times N$ 的矩阵，是由延拓函数 $h_e(x,y)$ 的第 j 行构成的。

$$H_j = \begin{bmatrix} h_e(j,0) & h_e(j,N-1) & h_e(j,N-2) & \cdots & h_e(j,1) \\ h_e(j,1) & h_e(j,0) & h_e(j,N-1) & \cdots & h_e(j,2) \\ h_e(j,2) & h_e(j,1) & h_e(j,0) & \cdots & h_e(j,3) \\ \vdots & \vdots & \vdots & \ddots & \vdots \\ h_e(j,N-1) & h_e(j,N-2) & h_e(j,N-3) & \cdots & h_e(j,0) \end{bmatrix} \quad (3.21)$$

可见，H_j 是一个循环矩阵，而 H 是一个分块循环矩阵。

上述离散退化模型是在线性空间不变的前提下推出的。目的是在给定了 $g(x,y)$，并且知道 $h(x,y)$ 和 $n(x,y)$ 的情况下，估计出理想的原始图像 $f(x,y)$。但是，要想从式（3.19）直接求解得到 $f(x,y)$，对于实际大小的图像来说，处理工作量是十分巨大的，如 $M=N=512$ 时，H 矩阵的大小为 $MN \times MN = (512)^2 \times (512)^2 = 262144 \times 262144$，求解 f 则要解 262144 个联立方程组，计算量之大难以想象。为解决这样的问题，须研究一些简化算法，利用 H 的循环性质，使简化运算得以实现。

根据有关的数学知识，由于 H 是分块循环矩阵，则 H 可对角化，即

$$H = WDW^{-1} \quad (3.22)$$

W 为一变换阵，大小为 $MN \times MN$ 维矩阵，它由 M^2 个大小为 $N \times N$ 的子块组成，即

$$W = \begin{bmatrix} w(0,0) & w(0,1) & \cdots & w(0,M-1) \\ w(1,0) & w(1,1) & \cdots & w(1,M-1) \\ \vdots & \vdots & \ddots & \vdots \\ w(M-1,0) & w(M-1,1) & \cdots & w(M-1,M-1) \end{bmatrix} \quad (3.23)$$

其中

$$w(i,m) = \exp\left[j\frac{2\pi}{M}im\right]w_N \quad (3.24)$$

式中，$i,m = 0,1,2,\cdots,M-1$。

w_N 为 $N \times N$ 维矩阵，其元素为

$$w_N(k,n) = \exp\left[j\frac{2\pi}{N}kn\right] \quad (3.25)$$

式中，$k,n = 0,1,2,\cdots,N-1$。

实际上，对任意形如 H 的分块循环矩阵，W 都可使其对角化。D 是对角阵，其对角元素与 $h_e(x,y)$ 的傅里叶变换有关，两者相差一个常数 MN，即如果

$$H(u,v) = \sum_{x=0}^{M-1}\sum_{y=0}^{N-1} h_e(x,y)\exp\left[-j2\pi\left(\frac{ux}{M}+\frac{vy}{N}\right)\right] \quad (3.26)$$

则 $\mathbf{D}$ 的 MN 个对角线元素按下面的形式给出,第一组 N 个元素为 $H(0,0), H(0,1), \cdots, H(0, N-1)$;第二组为 $H(1,0), H(1,1), \cdots, H(1, N-1)$;依次类推,最后的第 N 个对角线元素为 $H(M-1,0), H(M-1,1), \cdots, H(M-1, N-1)$。由上述元素组成的整个矩阵再乘以 MN 得到 $\mathbf{D}$,即有

$$D(k,i) = \begin{cases} MNH\left(\left\lceil \frac{k}{N} \right\rceil, k \bmod N\right), & i = k \\ 0, & i \neq k \end{cases} \quad (3.27)$$

式中,$\left\lceil \dfrac{k}{N} \right\rceil$ 表示不超过 $\dfrac{k}{N}$ 的最大整数,$k \bmod N$ 是以 N 除以 k 所得到的余数。

从而退化模型可为

$$\mathbf{g} = \mathbf{H}\mathbf{f} + \mathbf{n} = \mathbf{W}\mathbf{D}\mathbf{W}^{-1}\mathbf{f} + \mathbf{n} \quad (3.28)$$

$$\mathbf{W}^{-1}\mathbf{g} = \mathbf{D}\mathbf{W}^{-1}\mathbf{f} + \mathbf{W}^{-1}\mathbf{n} \quad (3.29)$$

可以证明

$$\mathbf{W}^{-1}\mathbf{g} = \mathrm{Vec}[G(u,v)] \quad (3.30)$$

$$\mathbf{W}^{-1}\mathbf{f} = \mathrm{Vec}[F(u,v)] \quad (3.31)$$

$$\mathbf{W}^{-1}\mathbf{n} = \mathrm{Vec}[N(u,v)] \quad (3.32)$$

式中,$G(u,v)$、$F(u,v)$ 和 $N(u,v)$ 分别是 $g(x,y)$、$f(x,y)$ 和 $n(x,y)$ 的二维傅里叶变换;$\mathrm{Vec}[\cdot]$ 是将矩阵拉伸为向量的算子。

$$\mathrm{Vec}\begin{bmatrix} 1 & 2 \\ 3 & 4 \end{bmatrix} = \begin{bmatrix} 1 \\ 2 \\ 3 \\ 4 \end{bmatrix} \quad (3.33)$$

于是式(3.28)变成

$$G(u,v) = H(u,v)F(u,v) + N(u,v) \quad (3.34)$$

这样就将求解 $f(x,y)$ 的过程转换为求解 $F(u,v)$ 的过程,简化了计算过程。同时,式(3.24)也是进行图像恢复的基础。

3.1.4 图像复原的基本步骤

由于获得图像的方法不同,其退化形式多种多样,包括在图像的形成、传输、记录过程中,由光学系统、相对运动等造成图像的模糊,以及源自电路和光度学因素的噪声对图像质量的影响,如传感器噪声、摄像机未聚焦、物体与摄像设备之间的相对移动、随机大气湍流、光学系统的像差、成像光源或射线的散射、摄影胶片的非线性和几何畸变等,这些因素都会使成像的

分辨率和对比度退化。如果能对退化的类型、机制和过程都十分清楚,那么就可以利用其反过程把已退化的图像复原。

由于引起图像退化的因素各异,目前有许多图像复原方法,它们大致可以分为两类:一类方法适用于缺乏图像先验知识的情况,此时可对退化过程建立模型进行描述,进而寻找一种去除或削弱其影响的过程,这是一种估计方法;另一类是根据图像退化的先验知识建立一个数学退化模型,并根据模型对退化图像进行拟合来恢复原始图像。这两种方法各有优缺点,第一种方法不需要先验知识,但其缺点是速度较慢,效果也不如第二种好;而第二种方法只要有正确的模型,就可在相对较短的时间内得到较好的效果,其缺点是建立准确的模型通常十分困难。

图像复原技术就是要将图像退化的过程模型化,并由此采取相反的过程以得到原始图像。根据前面的分析,退化图像的复原过程主要包括以下3个步骤。

步骤1:建立图像退化模型,即确定图像退化的点扩散函数模型。

步骤2:估计点扩散函数模型中的未知参数。

步骤3:选择合适的图像复原方法复原出原始图像。

散焦模糊的退化函数及参数估计在 2.1 节中已经给出了详细的介绍,下面介绍如何根据退化模型估计参数,进行模糊复原。

3.1.5 维纳滤波图像复原方法

目前存在许多图像复原方法,这些方法主要针对不同的物理模型,采用不同的退化模型、处理技术和估计准则来进行图像复原。典型的图像复原方法主要包括频域复原法、代数复原法、非线性复原法、盲复原法及其他一些复原方法。本书采用经典的维纳滤波对皮肤镜散焦模糊图像进行复原。

维纳滤波方法也叫最小二乘滤波方法,它使原始图像及其恢复图像之间的均方误差最小,是一种有约束的复原方法。该方法除要求了解关于降质模型的传递函数的情况外,还要知道噪声的统计特性、噪声与图像的相关情况。

维纳滤波复原算法是一种对噪声起抑制和减小作用的方法,由 C. W. Helstrom 于 1967 年提出。维纳滤波复原是寻找一个滤波器,使得复原后的图像和原图像的均方差最小,即

$$\min E[|f - \hat{f}|^2] \quad (3.35)$$

因此,这种方法也称为最小均方估计法。

根据图像退化模型有

$$g(x,y) = f(x,y) * h(x,y) + n(x,y) \quad (3.36)$$

希望找到一个复原滤波器 $m(x,y)$，它用 $g(x,y)$ 作为输入，输出为复原后的图像，即

$$\hat{f}(x,y) = g(x,y) * m(x,y) \quad (3.37)$$

且满足 $\min E[|f - \hat{f}|^2]$。根据线性均方估计中的正交原理，式（3.37）最小化的充要条件是估计误差 $(f - \hat{f})$ 正交于数据 g，于是必须有

$$E[(f - \hat{f})g] = 0 \quad (3.38)$$

令 $M(u,v)$ 为 $m(x,y)$ 傅里叶变换，$S_{\text{fg}}(u,v)$ 和 $S_{\text{gg}}(u,v)$ 分别为互功率谱和自功率谱。维纳滤波器可以表示为

$$M(u,v) = \frac{S_{\text{fg}}(u,v)}{S_{\text{gg}}(u,v)} \quad (3.39)$$

此外，还可以证明

$$S_{\text{gg}}(u,v) = |H(u,v)|^2 S_{\text{ff}}(u,v) + S_{\text{nn}}(u,v) \quad (3.40)$$

$$S_{\text{fg}}(u,v) = \overline{H(u,v)} S_{\text{ff}}(u,v) \quad (3.41)$$

由以上3个式子可以得到维纳滤波器为

$$M(u,v) = \frac{\overline{H(u,v)}}{|H(u,v)|^2 + S_{\text{nn}}(u,v)/S_{\text{ff}}(u,v)} \quad (3.42)$$

式中，$\overline{(\cdot)}$ 表示复数共轭；$S_{\text{nn}}(u,v)$ 和 $S_{\text{ff}}(u,v)$ 分别是噪声和图像的功率谱。

根据卷积定理和谱密度定义可以推导出维纳滤波器的复原公式为

$$\hat{F}(u,v) = \frac{1}{H(u,v)} \cdot \frac{|H(u,v)|^2}{|H(u,v)|^2 + S_{\text{nn}}(u,v)/S_{\text{ff}}(u,v)} \cdot G(u,v) \quad (3.43)$$

式中，$\hat{F}(u,v)$ 是恢复后图像的傅里叶变换；$G(u,v)$ 是退化图像的傅里叶变换。

因为 $S_{\text{nn}}(u,v)$、$S_{\text{ff}}(u,v)$ 在实际应用中很难求得，因此，可以用一个比值 k 代替两者之比，从而得到简化的维纳滤波公式为

$$\hat{F}(u,v) = \frac{1}{H(u,v)} \cdot \frac{|H(u,v)|^2}{|H(u,v)|^2 + k} \cdot G(u,v) \quad (3.44)$$

式中，k 通常利用先验知识近似取为信噪比的值。

维纳滤波能有效抑制复原过程中的噪声放大，且能以很低的计算代价获得较好的复原效果。但是，维纳滤波也有明显的缺点。为了抑制噪声，它使用最小均方误差（NMSE）准则，该准则只在平均意义上是最优的，因此给出的估计是以一种并非最适合人眼的方式对图像进行了平滑。此外，维纳滤波器必须假设图像和噪声都是广义平滑过程，这往往有别于物理事实，因此会降低复原效果。

由于维纳滤波不能达到人眼所要求的最佳效果,于是产生了参数维纳滤波方法,此方法在一定程度上改善了复原结果。

参数维纳滤波的公式为

$$\hat{F}(u,v) = \frac{1}{H(u,v)} \cdot \frac{|H(u,v)|^2}{|H(u,v)|^2 + \gamma \frac{S_{nn}(u,v)}{S_{ff}(u,v)}} \cdot G(u,v) \quad (3.45)$$

即在信噪比的倒数前加一个参数 γ。注意:$\gamma=1$ 时为标准维纳滤波器;$\gamma \neq 1$ 时为含参数的维纳滤波器。若没有噪声时,即 $S_{nn}(u,v)=0$,维纳滤波器则退化成理想逆滤波器。实际应用中必须调节 γ 以满足复原需求,γ 一般取值在 0~0.3 之间,从而达到修正该项、平滑滤波效果和改善滤波器抗噪性能的目的。图 3-3(b)是对图 3-3(a)模糊的皮肤镜图像进行维纳滤波处理的复原结果。

 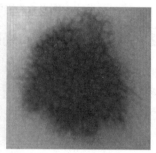

(a)模糊图像　　　　　　(b)维纳滤波复原结果

图 3-3　模糊图像复原

3.2　光照不均的去除

3.2.1　基于光照估计的光照去除

在 2.3 节中曾介绍过基于 Retinex 变分模型的光照评价算法,一幅图像 $F(x,y)$ 被认为是光照分量 $I(x,y)$ 与反射分量 $R(x,y)$ 两部分的乘积。当我们估计得到光照分量 I 时,就可以得到相应的反射分量 R,即去除了光照之后的图像。图 3-4 给出了整体的流程图。图 3-5 是一个光照去除的例子。

$$F(x,y) = I(x,y) \cdot R(x,y) \quad (3.46)$$

$$f = \lg(F) = \lg(IR) = \lg(I) + \lg(R) = i + r \quad (3.47)$$

$$R = \exp(f - i) \quad (3.48)$$

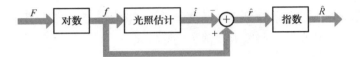

图 3-4 光照去除流程图

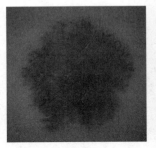  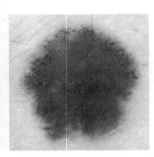

（a）带有光照不均的皮肤图像　　　（b）估计的光照分量　　　（c）光照修正后的结果

图 3-5 光照估计与去除

3.2.2 基于图像增强的光照去除

直方图均衡是一种图像增强方法，可以提高图像的对比度。Norton 在预处理阶段采用对比度受限自适应直方图均衡（Contrast Limited Adaptive Histogram Equalization，CLAHE）方法对皮肤镜图像进行增强，在一定程度上减弱了光照不均的影响。

1. 直方图均衡

图像的灰度直方图反映图像灰度的统计特性，表达了图像中取不同灰度值的面积或像素数在整幅图像中所占的比例，是图像中最基本的信息。用横坐标表示灰度级，纵坐标表示灰度级出现的频数，一幅图像的直方图可以表示为

$$p(r_k) = \frac{n_k}{N}, \quad k = 0,1,2,\cdots,L-1 \qquad (3.49)$$

式中，N 是一幅图像中像素的总数；n_k 是第 k 级灰度的像素数；r_k 是第 k 个灰度级；L 是灰度级数；$p(r_k)$ 是该灰度级出现的概率。

直方图均衡的基本思想是对原始图像中的像素灰度做某种映射变换，使变换后的图像灰度的概率密度是均匀分布的，即变换后图像是一幅灰度级均匀分布的图像，这意味着图像灰度的动态范围得到了增加，从而可提高图像的对比度。

为了研究方便，用 r 和 s 分别表示归一化了的原始图像灰度和变换后的图像灰度，即

$$0 \leqslant r \leqslant 1, \ 0 \leqslant s \leqslant 1 \ （0代表黑，1代表白）$$

在[0,1]区间内的任何一个 r 值，都可以产生一个 s 值，且 $s = T(r)$，$T(r)$ 为变换函数。为使这种灰度变换具有实际意义，$T(r)$ 应满足下列条件：

① 在 $0 \leqslant r \leqslant 1$ 区间，$T(r)$ 为单调递增函数；

② 在 $0 \leqslant r \leqslant 1$ 区间，有 $0 \leqslant T(r) \leqslant 1$。

这里，条件①保证灰度级从黑到白的次序，条件②保证变换后的像素灰度仍在原来的动态范围内。

由 s 到 r 的反变换为

$$r = T^{-1}(s), \quad 0 \leqslant s \leqslant 1$$

这里 $T^{-1}(s)$ 对 s 也满足条件①和条件②。

令原图像灰度级的概率密度函数为 $P_r(r)$，变换后的图像灰度级的概率密度函数为 $P_s(s)$，则直方图均衡变换原理如图3-6所示。连续情况下，非均匀概率密度函数 $P_r(r)$ 经变换函数 $T(r)$ 转换为均匀概率分布 $P_s(s)$，变换后图像的动态范围与原图一致。

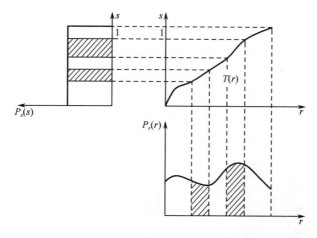

图3-6 直方图均衡变换原理

由概率论可知，若原图像灰度级的概率密度函数 $P_r(r)$ 和变换函数 $T(r)$ 已知，且 $T^{-1}(s)$ 是单调递增函数，则变换后的图像灰度级的概率密度函数 $P_s(s)$ 为

$$P_s(s) = P_r(r) \frac{dr}{ds} \bigg|_{r = T^{-1}(s)} \qquad (3.50)$$

对于连续图像,当直方图均衡化(并归一化)后有 $P_s(s)=1$,即
$$\mathrm{d}s = P_r(r)\cdot\mathrm{d}r = \mathrm{d}T(r) \qquad (3.51)$$
两边取积分,得
$$s = T(r) = \int_0^r P_r(r)\mathrm{d}r \qquad (3.52)$$
式(3.52)就是所求的变换函数,它表明变换函数是原图像的累计分布函数,是一个非负的递增函数。

对于离散图像,我们处理其概率(直方图值)与求和来替代处理概率密度函数与积分。假定数字图像中的总像素为 N,灰度级总数为 L 个,第 k 个灰度级的值为 r_k,图像中具有灰度级 r_k 的像素数目为 n_k,则该图像中灰度级 r_k 的像素出现的概率(或称频数)为
$$p_r(r_k) = \frac{n_k}{N}, \quad 0 \leqslant r_k \leqslant 1; \quad k = 0,1,\cdots,L-1 \qquad (3.53)$$
对其进行均匀化处理的变换函数为
$$s_k = T(r_k) = \sum_{j=0}^k P_r(r_j) = \sum_{j=0}^k \frac{n_j}{N} \qquad (3.54)$$
利用式(3.54)对图像做灰度变换,即可得到直方图均衡化后的图像。

图 3-7 所示是一幅皮肤镜图像经过直方图均衡前后图像及其直方图变化的对比图。从图 3-7 可以看出,原图较暗且动态范围较小,反映在直方图上就是其直方图所占据的灰度值范围比较窄,而且集中在低灰度值一边。均衡化后的直方图占据了整个图像灰度值允许的范围,比原直方图均匀了,但它并不能完全均匀,这是由于在均衡化的过程中,原直方图上有几个像素较少的灰度级归并到一个新的灰度级上,而像素较多的灰度级间隔被拉大了。直方图均衡化以减少图像的灰度等级为代价,提高了图像对比度。

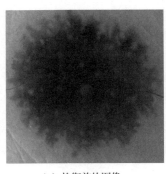

(a)均衡前的图像

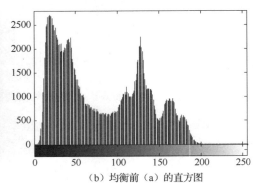

(b)均衡前(a)的直方图

图 3-7 直方图均衡前后的图像及其直方图对比

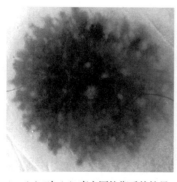
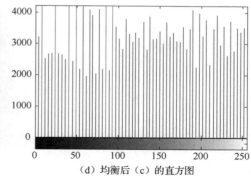

(c) 对 (a) 直方图均衡后的结果　　　　(d) 均衡后 (c) 的直方图

图 3-7　直方图均衡前后的图像及其直方图对比（续）

2. 对比度受限直方图均衡

式（3.54）实际上是一幅图像的累积直方图。图 3-8 是一幅图像的直方图及其累积直方图，可以看出该图像集中分布于低灰度区间，高灰度区间分布较少，累积分布直方图在低灰度区间的上升斜率大，在高灰度区间的上升斜率很小，直方图均衡化后，低灰度区间的像素灰度值差异比较大，如果这些像素恰好位于同一均匀区域，那么就会发生噪声放大的效果。

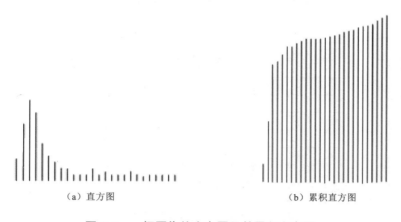

　　　　(a) 直方图　　　　　　　　　　　(b) 累积直方图

图 3-8　一幅图像的直方图及其累积直方图

对比度受限自适应直方图均衡算法可以很好地解决这个问题。如图 3-9 所示，若将低灰度区间的尖峰消去，然后再均匀分布于整个灰度区间，即将灰度直方图消峰后再整体向上提升，那么其对应的累积分布直方图低灰度的斜率变小，高灰度区间的斜率变大，从而就抑制了均匀区域噪声的放大，并能提升非均匀区域的对比度。

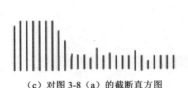
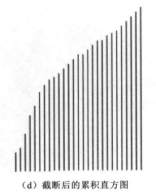

（c）对图 3-8（a）的截断直方图　　　　　　（d）截断后的累积直方图

图 3-9　对比度受限直方图原理

CLAHE 采用固定窗口，将图像分为有限个区域，对每个小区域进行直方图均衡。这样可以节省很多时间，但由于相邻两个区域的差异，在区域边界两侧的像素将会采用不同的映射关系，因此会导致明显的块效应。为解决这个问题，CLAHE 算法采用双线性插值函数，将小区域内像素灰度的变换变成对其邻近区域对应灰度变换，进行加权求和，权值根据该像素与邻近区域的距离信息得到。如图 3-10 所示，将图像分为有限个区域，那么这些区域可以分为三类：内部区域、边界区域、边角区域。下面对 CLAHE 中的这三种区域的双线性插值分别进行介绍。

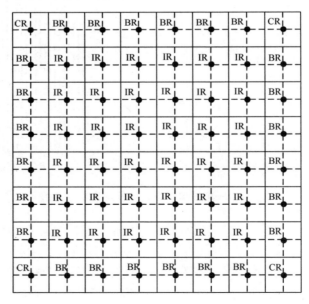

图 3-10　图像中的区域

（1）内部区域

图 3-11（a）给出了内部区域及其相邻区域的示意图，实心圆点为各个区域的中心，第 i 列、第 j 行的区域记为 (i,j)。这些区域又进一步分为 1、2、3、4 象限，图 3-11（b）中 p 点是 (i,j) 区域的第 1 象限中的点，该点的 3 个最近相邻区域为 $(i-1,j-1)$、$(i-1,j)$、$(i,j-1)$ 和其本身所在区域 (i,j)，共同构成了进行双线性插值的 4 个区域。p 点距离这个区域的中心点的距离分别为 r、s、x、y。

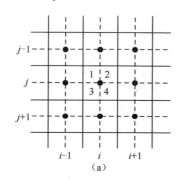 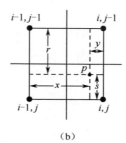

图 3-11 内部区域

设点 p 增强前的灰度值为 p_0，增强后的灰度值为 p_1，4 个区域的对比度受限的映射变换函数分别为 $f_{i,j}$、$f_{i-1,j}$、$f_{i,j-1}$、$f_{i-1,j-1}$，则 p 点经双线性插值得到的映射灰度值为

$$p_1 = \frac{s}{r+s}\left(\frac{y}{x+y}f_{i-1,j-1}(p_0)+\frac{x}{x+y}f_{i,j-1}(p_0)\right)+ \\ \frac{r}{r+s}\left(\frac{y}{x+y}f_{i-1,j}(p_0)+\frac{x}{x+y}f_{i,j}(p_0)\right) \quad (3.55)$$

第 2、3、4 象限的点的双线性插值公式具有类似的结构。

（2）边界区域

图 3-12（a）给出了边界区域及其相邻区域的示意图，可以看出区域 (i,j) 的 1、3 两个象限中的点与内部区域中的点具有相同结构的相邻区域，2、4 两个象限中的点构成其双线性插值的区域只有两个。

区域 (i,j) 的 1、3 两个象限中的点可以采用内部区域的双线性插值公式。但对于第 2 象限的点 p，这种情况下点 p 的双线性插值映射变换为

$$p_1 = \frac{s}{r+s}f_{i,j-1}(p_0)+\frac{r}{r+s}f_{i,j}(p_0) \quad (3.56)$$

第 4 象限中点的双线性插值公式具有类似的结构。

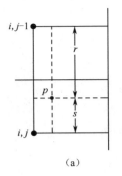
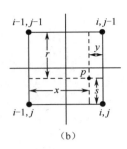

图 3-12　边界区域

（3）边角区域

图 3-13 给出了边角区域及其相邻区域的示意图，这是图像左上角的边角区域。可以看出，区域 (i,j) 的 2、3 两个象限中的点与边界区域中的点具有相同结构的相邻区域，因此可以采用边界区域的双线性插值公式。第 4 象限中的点与内部区域中的点具有相同结构的相邻区域，因此可以采用内部区域的双线性插值公式。但第 1 象限中的点构成双线性插值的区域只有它本身，这种点的双线性插值映射变换只能利用该区域自己的映射函数，即

$$p_1 = f_{i,j}(p_0) \tag{3.57}$$

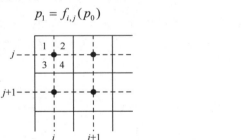

图 3-13　边角区域

最后，CLAHE 算法的步骤可总结如下。

步骤 1：计算每个区域的直方图。

步骤 2：根据给定的直方图高度限制值，将每个小区域的直方图重新分布，以满足高度限制要求。

步骤 3：根据新的对比度受限的直方图，计算每个小区域的累积分布直方图。

步骤 4：利用双线性插值公式，计算每个像素点的映射结果。

利用 CLAHE 算法对皮肤肿瘤图像进行对比度增强处理，结果如图 3-14

所示。可以看到，CLAHE 算法能够将皮肤肿瘤图像增强，显示出了边缘信息等局部细节，在一定程度上削弱了光照不均的影响。

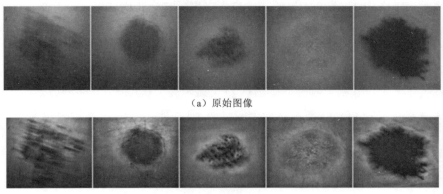

（a）原始图像

（b）增强后的图像

图 3-14　对皮肤肿瘤的对比度受限自适应直方图的均衡化结果

3.3　毛发的去除

一幅图像中，如果毛发遮挡过于严重，我们会通过 2.5 节毛发遮挡评价方法将该图像返回给用户，要求其重新采集。而如果图像中的毛发遮挡不是很严重，则可以对毛发遮挡部位的信息进行修复，以利于后续处理。对于毛发的去除及被遮挡部位的信息恢复，采用的是图像修复技术（Inpainting）。目前，图像修复的主流方法可以分成两类，第一类基于扩散理论，其中最为经典的方法是基于偏微分方程的修复方法，该方法通过确定传播信息和传播方向，实现区域边界外围信息自动向内扩散，达到信息填补的目的；第二类方法是基于样本采样复制的方法。图像中大部分区域是"重复"的，因此可以通过对已知区域中的像素进行采样，然后将选中的像素内容复制到破损区域中来完成修复。

我们在 2.5.1 节已经介绍了毛发的提取，此处简单介绍两种比较典型的图像修复算法，用来去除图像中被提取出来的毛发，并恢复出被遮挡的信息。

3.3.1　基于偏微分方程的毛发去除

对于离散的图像数据，假设待修复的初始图像为 $f^0(x,y)$，图像修复的过程就是一个得到逐渐改善版本的过程，将这个过程中得到的一系列中间结果看作一个迭代变化的图像系列 $f^n(x,y)$。将这个过程用数学语言描述为

$$f^{n+1}(x,y) = f^n(x,y) + \Delta t f_t^n(x,y), \quad \forall (x,y) \in \Omega \tag{3.58}$$

式中，上标 n 表示当前修复次数；(x,y) 是像素坐标；Δt 是变化速率；$f_t^n(x,y)$ 表示当前图像 $f^n(x,y)$ 的更新量。应当指出，这个迭代过程只对待修复区域内部的像素进行，不改变其他像素值。随着迭代次数 n 的增加，原图像不断得到更新，变得越来越完美。其中，重要的就是如何设计更新量 $f_t^n(x,y)$。

根据人工修复的准则，要将区域 Ω 外围的边界线延续到 Ω 内部，这就要求将外围已知信息平滑地传播到 Ω 区域内部。将传播信息记为 $L^n(x,y)$，传播方向记为 $N(x,y)$（N 是一个向量），则更新量 $f_t^n(x,y)$ 可以表示为

$$f_t^n(x,y) = \delta \vec{L}^n(x,y) \cdot \vec{N}^n(x,y) \tag{3.59}$$

式中，$\delta \vec{L}^n(x,y)$ 表示传播信息 $L^n(x,y)$ 的变化量。

随着 n 值的增加，传播信息 $L^n(x,y)$ 就逐渐沿着 $N(x,y)$ 的方向传播出去。对于传播信息 $L^n(x,y)$ 的计算，M. Bertalmio 采用了图像的拉普拉斯运算，即

$$L^n(x,y) = \frac{\partial^2 f^n(x,y)}{\partial x^2} + \frac{\partial^2 f^n(x,y)}{\partial y^2}$$

有了传播信息 $L^n(x,y)$ 之后，剩下的就要确定传播方向 $N(x,y)$。传播方向一般沿着图像灰度值变化最小的方向，即等照度线方向。对于给定的一点 (x,y)，其梯度 $\nabla f^n(x,y)$ 给出了灰度值变化最大的方向，而与梯度正交的方向则是灰度值变化最小的方向，所以这里等照度线的方向与梯度旋转 90°的方向相同，即 $\nabla^\perp f^n(x,y)$。梯度旋转有顺时针和逆时针两种方向，具体采用哪种旋转方向没有太大的关系，只要保证是灰度值变化最小的方向就行了。另外，在整个图像修复过程中，$N(x,y)$ 不是固定不变的，而是随着修复的过程而动态计算。

综上所述，式（3.58）可以为

$$f^{n+1}(x,y) = f^n(x,y) + \frac{\lambda}{s} \sum_{p \in D} c(\nabla^n f(x,y)) \nabla^\perp f^n(x,y) \tag{3.60}$$

式中，(x,y) 表示像素点坐标；D 表示像素 (x,y) 的邻域（通常为上下左右 4 个相邻点）；s 表示邻域点个数；常量 λ 是一个正数，反映分布系数权值，也就是平滑程度；n 表示目前的步骤数，即迭代次数；$\nabla f(x,y)$ 表示像素 (x,y) 的拉普拉斯梯度；c 是扩散系数。

针对彩色的皮肤镜图像，利用 2.5 节获得的毛发区域作为掩模（mask）图像，对掩模处的像素采用式（3.60）在 R、G、B 3 个域上分别进行重复迭代，即可得到图像修复的结果。图 3-15 是毛发遮挡信息恢复的实例结果，其中 λ 取 0.8，邻域 D 为上下左右 4 个像素，迭代次数为 30 次。从图 3-15 可

以看出，所修复的结果与人眼对皮损目标纹理的理解相一致。

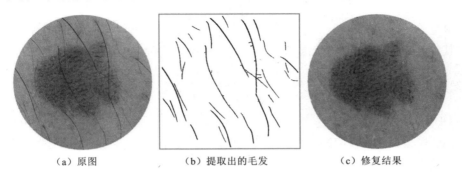

（a）原图　　　　（b）提取出的毛发　　　　（c）修复结果

图 3-15　采用偏微分方程对毛发遮挡信息进行修复的实例

3.3.2　基于 Criminisi 修复算法的毛发去除

2004 年，微软公司 Criminisi 等人提出了一种基于采样复制的纹理合成图像修复算法。该算法的基本思想是：首先计算破损区域不同部分的修复顺序，然后从图像已知区域中选择最佳匹配样本块，并将其粘贴到修复顺序优先级最高的破损区域中，重复此过程直至修复完成。如图 3-16 所示，Ω 表示破损区域，Φ 表示已知区域，$\delta\Omega$ 为破损区域的边界，f 为整幅图像，$\nabla f_p^\perp$ 为点 p 处等照度线的切线方向向量，即梯度方向的垂直方向，n_p 为破损区域边界的法线向量，而 ψ_p 表示以点 p 为中心的待修复块。则以 p 为中心的破损区块的修复顺序优先权为

$$P(p) = C(p)D(p) \qquad (3.61)$$

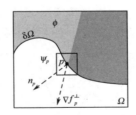

图 3-16　Criminisi 图像修复算法示意图

$C(p)$ 为置信度项，反映了该块中已知像素个数所占的比例，$C(p)$ 的定义为

$$C(p) = \frac{\sum_{q \in \psi_p \cap (f/\Omega)} C(q)}{|\psi_p|} \qquad (3.62)$$

$|\psi_p|$ 为以 p 为中心的待修复块的面积，实现时通常设为像素点的个数。f/Ω 为已知区域像素点的集合。在初始化阶段，若 $q \in \Omega$，则 $C(q) = 0$；若

$q \in f/\Omega$,则 $C(q) = 1$。而 $D(p)$ 定义为

$$D(p) = \frac{|\nabla f_p^\perp n_p|}{\alpha} \quad (3.63)$$

其中，$\alpha = 255$ 为归一化因子，使得 $0 \leq D(p) \leq 1$。而 $\nabla f_p^\perp$ 的定义为

$$\nabla f_p^\perp = \frac{(-f_y(p), f_x(p))}{\sqrt{f_x(p)^2 + f_y(p)^2}} \quad (3.64)$$

$D(p)$ 反映了点 p 处的等照度线的强度，它取决于点 p 处等照度线方向和破损区域边界法线方向的夹角。夹角越小，说明点 p 处的结构性信息越强，否则反之。

通过计算并比较破损区域边界处的修复顺序优先级 $P(p)$，就可以确定破损区块的修复顺序。算法的具体执行步骤如下。

步骤 1：提取图像 f 的破损区域边界 $\delta\Omega^0$。

步骤 2：如果 $\delta\Omega^t = \varnothing$，退出，否则继续。

步骤 3：$\forall p \in \delta\Omega^t$，计算 $P(p)$。

步骤 4：寻找 $\hat{p}$，使得 $\hat{p} = \arg\max_{p \in \delta\Omega^t} P(p)$。

步骤 5：寻找 $\psi_{\hat{p}} \in \Phi$，使得 $d(\psi_{\hat{p}}, \psi_{\hat{q}})$ 最小，其中 $d(\psi_{\hat{p}}, \psi_{\hat{q}})$ 为以 $\hat{p}$ 为中心的块的已知像素点值与以 $\hat{p}$ 为中心的对应位置已知像素点值的差方和。

步骤 6：$\forall p \in \psi_{\hat{p}} \cap \Omega$，将对应位置 $q \in \psi_{\hat{p}}$ 复制到 p 处。

步骤 7：$\forall p \in \psi_{\hat{p}} \cap \Omega$，更新 $C(p)$，转到步骤 2。

图 3-17 是利用 Criminisi 修复算法对皮肤镜图像的毛发遮挡信息恢复的实例，图 3-17（a）是原图，图 3-17（b）是 2.5 节的毛发提取算法获得的毛发模板，图 3-17（c）是修复结果。从肉眼的直观角度，这种基于样本采样复制的方法更能有效地保持纹理信息，使得修复结果更加自然。

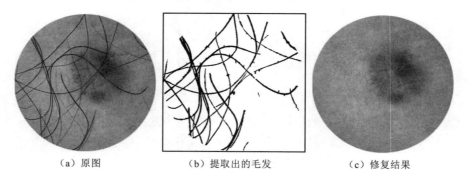

（a）原图　　　　　（b）提取出的毛发　　　　　（c）修复结果

图 3-17　采用 Criminisi 修复算法对毛发遮挡信息进行修复的实例

3.4 平滑去噪

除了模糊、光照不均和毛发等质量问题，采集到的皮肤镜图像还经常会有噪声，而且人的健康皮肤也会有纹理，而这些纹理有时也会对皮损目标的分割产生影响。有些研究人员在进行图像分割前会采用图像平滑的手段来去除噪声，消除健康皮肤纹理的影响。图像平滑可以在空间域进行，也可以在频率域进行。本节介绍基于空间域的邻域平均法和中值滤波法，它们是皮肤镜图像处理中常用的平滑方法。

3.4.1 邻域平均法

邻域平均法也称为均值平滑，是一种局部空间域处理的算法。设原始图像为 $f(x,y)$，以像素点 (x,y) 为中心取一个邻域 S，计算 S 中所有像素灰度级的平均值，作为邻域平均处理后的图像 $g(x,y)$ 的像素值，即

$$g(x,y) = \frac{1}{M} \sum_{(i,j) \subset S} f(i,j) \quad (3.65)$$

式中，S 是预先确定的邻域；M 是邻域 S 中像素的点数。图 3-18 给出了 4 点邻域和 8 点邻域两种情况，图 3-18（a）中的邻域半径为一个像素间隔 Δx，图 3-18（b）的邻域半径为 $\sqrt{2}\Delta x$。

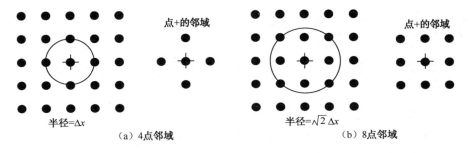

图 3-18 像素的 4 点邻域和 8 点邻域

邻域平均法也可以用空间域卷积运算方式来描述，把平均化处理看作一个作用于大小为 $M \times N$ 的图像 $f(x,y)$ 上的低通滤波器，该滤波器的脉冲响应是 $m \times n$ 阵列 $h(r,s)$。于是，滤波器输出的图像 $g(x,y)$ 可以用卷积表示，即

$$g(x,y) = \sum_{r=-k}^{k} \sum_{s=-l}^{l} f(x-r, y-s) h(r,s) \quad (3.66)$$

式中，$k = (m-1)/2$，$l = (n-1)/2$。

根据所选邻域大小来决定模板的大小。式（3.66）中 $h(r,s)$ 为加权函数，

习惯上称为掩模、模板或卷积阵列。用 Δ 代表中心像素的位置，图 3-19 给出了两个常用的均值平滑算子。

$$\frac{1}{5}\begin{bmatrix} 0 & 1 & 0 \\ 1 & 1_\Delta & 1 \\ 0 & 1 & 0 \end{bmatrix} \qquad \frac{1}{9}\begin{bmatrix} 1 & 1 & 1 \\ 1 & 1_\Delta & 1 \\ 1 & 1 & 1 \end{bmatrix}$$

图 3-19　邻域平均模板

均值平滑算子是最常用的线性低通滤波器，也称为均值滤波器。均值滤波器所有的系数都是正数，且整个模板的平均数为 1。

邻域算子的取法不同，中心点或邻域的重要程度也不同。一般认为离对应模板中心像素近的像素应对滤波结果有较大贡献，所以接近模板中心的系数可较大，而模板边界附近的系数应较小。由此得到其他的加权平均模板，如图 3-20 所示。

$$\frac{1}{10}\begin{bmatrix} 1 & 1 & 1 \\ 1 & 2_\Delta & 1 \\ 1 & 1 & 1 \end{bmatrix} \qquad \frac{1}{16}\begin{bmatrix} 1 & 2 & 1 \\ 2 & 4_\Delta & 2 \\ 1 & 2 & 1 \end{bmatrix}$$

图 3-20　加权平均模板

一个模板与图像的卷积运算可以按以下步骤进行。

步骤 1：以 1 为步长将模板在图像中从左到右、从下到上滑动。

步骤 2：每滑动到一个新位置，将模板每个位置上的系数与它所对应的像素灰度值相乘。

步骤 3：对所有乘积求和。

步骤 4：把求得的结果赋给图像中与模板中心像素重合的像素，得到平滑的输出图像。

对于图像中的边界像素，当模板滑动到该位置时会出现部分模板落在图像之外的情况，这种情况可以不去处理边界像素，也可以用最近像素的平滑值来替代。

一般来说，模板半径取得越大，会使灰度突变的边缘图像变得越模糊。图 3-21 是对含有高斯噪声的图像分别利用简单邻域平均法的不同尺寸模板进行平滑后的处理结果，图 3-21（a）是带噪声的图像，图 3-21（b）～图 3-21（d）是分别使用了 3×3、5×5、9×9 平均模板平滑后的图像。从处理结果可以看出,当所用平滑模板尺寸增大时,对噪声的消除效果也有所增强,但同时会使图像模糊,边缘细节逐步减少,且运算量增大。在实际应用中,可以根据不同的应用场合选择合适的模板大小。

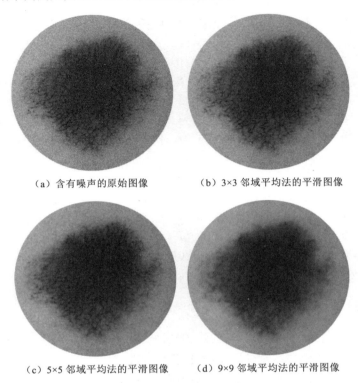

(a) 含有噪声的原始图像　　(b) 3×3 邻域平均法的平滑图像

(c) 5×5 邻域平均法的平滑图像　　(d) 9×9 邻域平均法的平滑图像

图 3-21　不同模板的邻域平均法的平滑结果

邻域平均算子和加权平均算子在消除噪声的同时,都存在平均化带来的缺陷,使尖锐变化的边缘或线条变得模糊。为了克服简单局部平均的弊病,减轻图像的模糊效应,可以采用选择式掩模平滑进行改进。选择式掩模平滑法,也称为自适应局部平滑方法,也是以模板运算为基础的。取 5×5 的模板窗口,在窗口内以中心像素 (i, j) 为基准点,制作 1 个边长为 3 的正方形、4 个五边形、4 个六边形共 9 种形状的屏蔽窗口,如图 3-22 所示,分别计算每个窗口内的平均值及方差。由于含有尖锐边缘的区域,方差必定较平缓区域大,因此采用方差最小的屏蔽窗口进行平均化,这种方法在完成滤波操作的同时不会破坏区域边界的细节。

0 0 0 0 0	0 0 0 0 0	0 1 1 1 0
0 1 1 1 0	1 1 0 0 0	0 1 1 1 0
0 1 1 1 0	1 1 1 0 0	0 0 1 0 0
0 1 1 1 0	1 1 0 0 0	0 0 0 0 0
0 0 0 0 0	0 0 0 0 0	0 0 0 0 0
(a)	(b)	(c)
0 0 0 0 0	0 0 0 0 0	1 1 0 0 0
0 0 0 1 1	0 0 0 0 0	1 1 1 0 0
0 0 1 1 1	0 0 1 0 0	0 1 1 0 0
0 0 0 1 1	0 1 1 1 0	0 0 0 0 0
0 0 0 0 0	0 1 1 1 0	0 0 0 0 0
(d)	(e)	(f)
0 0 0 1 1	0 0 0 0 0	0 0 0 0 0
0 0 1 1 1	0 0 0 0 0	0 0 0 0 0
0 0 1 1 0	0 0 1 1 0	0 1 1 0 0
0 0 0 0 0	0 0 1 1 1	1 1 1 0 0
0 0 0 0 0	0 0 0 1 1	1 1 0 0 0
(g)	(h)	(i)

图 3-22　9 种屏蔽窗口的模板

图 3-23 是分别利用邻域平均法、加权平均法和选择式掩模法 3 种平滑方法对同一幅图像进行平滑的实验结果对比。可以看出，邻域平均法虽然能够消除部分噪声干扰，但对图像的模糊效应非常明显；加权平均法通过改变距离掩模中心像素的权值，能够相对减少其他像素对图像平滑的影响，从而降低图像的模糊效应；选择式掩模平滑根据物体与背景的不同统计特性，选择

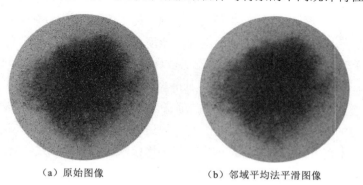

（a）原始图像　　　　　　（b）邻域平均法平滑图像

图 3-23　3 种平滑方法的平滑效果对比

（c）加权平均法平滑图像　　　　（d）选择式掩模法平滑图像

图 3-23　3 种平滑方法的平滑效果对比（续）

方差最小的屏蔽窗口进行平均化处理，这样在完成滤波操作的同时又能较好地保留图像的边缘细节信息，尽量避免了边缘轮廓的模糊现象，比前两种方法具有更好的滤波效果。

3.4.2　中值滤波法

中值滤波是一种典型的非线性滤波技术，它在一定的条件下可以克服线性滤波器（如均值滤波等）带来的图像细节模糊，由于在实际运算过程中不需要图像的统计特征，因此使用方便。

传统的中值滤波一般采用含有奇数个点的滑动窗口，用窗口中各点灰度值的中值来代替指定点的灰度值。中值滤波也是一种典型的低通滤波器，主要用来抑制脉冲噪声，它能够彻底滤除尖波干扰噪声，又能够较好地保护目标图像边缘。

标准一维中值滤波器的定义为

$$y_k = \mathrm{med}\{x_{K-N}, x_{K-N+1}, \cdots, x_k, \cdots, x_{K+N-1}, x_{K+N}\} \quad (3.67)$$

式中，med 表示取中值操作。

例如，若窗口长度为 5，窗口中像素灰度值分别为 10、16、70、30、35，按从小到大的顺序排序，其中间值为 30，则原来窗口中心点灰度值 70 由窗口中值 30 来代替。如果 70 是一个噪声的尖峰，则将被滤除。然而，如果它是一个信号，那么此法处理的结果将会造成信号的损失。

一维中值滤波很容易推广到二维。一般来说，二维中值滤波器比一维中值滤波器有更好的性能。二维中值滤波的窗口形状和尺寸设计对滤波的效果影响较大，针对不同的图像内容和不同的应用要求，往往采用不同的形状和尺寸。常用的二维中值滤波窗口有线形、十字形、方形和菱形等，如图 3-24

所示。在实际使用窗口时，窗口的尺寸一般先取 3 再取 5，依次增大，直到对滤波效果满意为止。在对图像进行中值滤波时，如果窗口关于中心点对称，并且包含中心点在内，则中值滤波能保持任意方向的跳变边缘。对于有较长轮廓线物体的图像，采用方形或圆形窗口较合适；对于包含尖顶角物体的图像，采用十字形窗口较合适。使用二维中值滤波最值得注意的是要保持图像中有效的细线状物体。如果图像中点、线、尖角细节较多，则不宜采用中值滤波。

图 3-24　中值滤波的常用模板

中值滤波是非线性的，它对椒盐噪声或脉冲式干扰具有很强的滤除作用，因为这些干扰值与其邻近像素的灰度值有很大差异，经过排序后取中值的结果就会将此干扰强制变成与其邻近的某些像素值一样，从而达到去除干扰的效果。采用中值滤波进行平滑去噪的实例如图 3-25 所示。

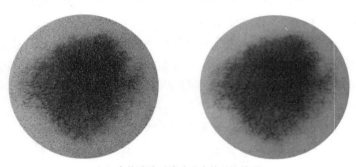

（a）中值滤波对脉冲噪声的平滑结果

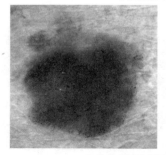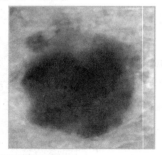

（b）中值滤波对正常皮肤纹理的平滑结果

图 3-25　采用中值滤波进行平滑去噪的实例

邻域平均法和中值滤波法都可以对图像进行平滑滤波，但邻域平均法使数字信号变"平坦"，在消除或抑制图像中噪声的同时，图像中景物边缘也会不同程度地变得模糊；而中值滤波可以消除杂散噪声点，且不会或较小程度地造成边缘模糊，如图 3-26 所示。

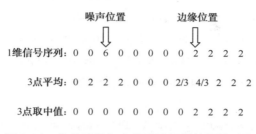

图 3-26　均值平滑与中值滤波平滑效果的对比

本章小结

皮肤镜图像的预处理是针对质量基本合格但仍然有一定质量问题的皮肤镜图像进行的。本章对皮肤镜图像中散焦模糊、光照不均及毛发遮挡等现象进行处理，介绍了散焦模糊的复原、光照不均的去除及被毛发遮挡部位的信息修复等方法。高斯噪声及健康皮肤的纹理也会影响图像的分割结果，本章最后介绍了邻域平均法和中值滤波法，这两种方法也是皮肤镜图像处理中经常采用的预处理去噪方法。

本章参考文献

[1] 卢亚楠. 皮肤镜图像的质量评价与复原方法研究[D]. 北京：北京航空航天大学，2016.

[2] 梅晓峰. 皮肤镜图像光照不均去除算法研究[D]. 北京：北京航空航天大学，2017.

[3] 李阳. 皮肤镜图像的多模式分类算法研究[D]. 北京：北京航空航天大学，2016.

[4] 韩超. 典型皮肤肿瘤目标边界提取算法的研究[D]. 北京：北京航空航天大学，2012.

[5] 谢凤英. 基于计算智能的皮肤镜黑素细胞瘤图像分割与识别[D]. 北京：北京航空航天大学，2009.

[6] 谢凤英，秦世引，姜志国，等. 黑素瘤图像毛发遮挡信息的非监督

修复[J]. 仪器仪表学报，2009 (4): 699-705.

[7] 谢凤英，赵丹培，李露，等. 数字图像处理及应用[M]. 北京：电子工业出版社，2016.

[8] 谢凤英. 皮肤镜图像处理技术[M]. 北京：电子工业出版社，2015.

[9] Xie F, Qin S, Jiang Z, et al. An approach to unsupervised hair removal from skin melanoma image[C]//Seventh International Symposium on Instrumentation and Control Technology: Sensors and Instruments, Computer Simulation, and Artificial Intelligence. International Society for Optics and Photonics, 2008, 7127: 712729.

[10] Xie F, Qin S, Jiang Z, et al. PDE-based unsupervised repair of hair-occluded information in dermoscopy images of melanoma[J]. Computerized Medical Imaging and Graphics, 2009, 33(4): 275-282.

[11] Mei X, Xie F, Jiang Z. Uneven illumination removal based on fully convolutional network for dermoscopy images[C]. 2016 13th International Computer Conference on Wavelet Active Media Technology and Information Processing (ICCWAMTIP). IEEE, 2016: 243-247.

[12] Lu Y, Xie F, Jiang Z, et al. Blind deblurring for dermoscopy images with spatially-varying defocus blur[C]. 2016 IEEE 13th International Conference on Signal Processing (ICSP). IEEE, 2016: 7-12.

[13] Lu Y, Xie F, Jiang Z. Kernel estimation for motion blur removal using deep convolutional neural network[C]. 2017 IEEE International Conference on Image Processing (ICIP). IEEE, 2017: 3755-3759.

[14] Xie F, Li Y, Meng R, et al. No-reference hair occlusion assessment for dermoscopy images based on distribution feature[J]. Computers in Biology and Medicine, 2015, 59: 106-115.

第 4 章
皮肤镜图像的分割

皮肤病变组织会发生在身体的各个部位，皮肤镜图像经常会有多种纹理模式并存的现象，而且图像中不同模式间交界不明显，颜色特征也有很大不同。总体而言，皮肤镜图像具有以下特点。

（1）皮损和周围皮肤对比度比较低。
（2）皮损的形状不规则，而且边界模糊。
（3）皮损内部颜色多样。
（4）皮肤存在纹理且图像中存在毛发等。

对于医生的临床诊断，纹理、颜色的细微变化及过渡区域的大小往往都是诊断的重要依据，以上情况大大增加了分割的复杂性。因此正确分割皮肤镜图像是一项非常具有挑战性的工作。

迄今为止，已经提出了许多皮肤镜图像分割的方法。本章主要介绍大津阈值、K-均值、Mean Shift、SGNN、JSEG、SRM、水平集活动轮廓模型等方法，这些方法都是皮肤镜图像分割中常用的方法。

4.1 大津阈值分割

阈值分割是一种区域分割技术，因其简单直观、易于实现而在图像分割中占有重要的位置。然而怎样进行阈值选择却是一个比较难的问题。因为在数字化的图像数据中，无用的背景数据和对象物的数据常常混在一起，除此之外，在图像中还含有各种噪声。所以必须根据图像的统计性质，即从概率的角度来选择合适的阈值。本节首先介绍阈值分割的原理，在此基础上介绍大津阈值分割法。

4.1.1 阈值分割的原理

灰度阈值法是把图像的灰度分成不同等级，然后用设置灰度阈值的方法确定有意义的区域或分割物体的边界，该方法中最简单的就是二值化的阈值分割。

一幅图像包括目标、背景和噪声，需要从多值的灰度图像中取出对象。我们设定某一阈值 t，可以用 t 将图像的数据分成两部分：大于 t 的像素群和小于 t 的像素群。例如，输入图像为 $f(x,y)$，输出图像为 $f'(x,y)$，则

$$f'(x,y)=\begin{cases}1, & f(x,y)\geq t\\0, & f(x,y)<t\end{cases} \quad (4.1)$$

或

$$f'(x,y)=\begin{cases}1, & f(x,y)\leq t\\0, & f(x,y)>t\end{cases} \quad (4.2)$$

这就是图像二值化处理，也就是阈值分割，它的目的就是求一个阈值 t，并用 t 将图像 $f(x,y)$ 分成对象物和背景两个区域。

由于实际得到的图像目标和背景之间不一定单纯地分布在两个灰度范围内，此时就需要两个或两个以上的阈值来提取目标。例如，选择一个区间 (t_1,t_2) 作为阈值，用下面两个公式进行图像二值化处理。

$$f'(x,y)=\begin{cases}1, & t_1\leq f(x,y)\leq t_2\\0, & 其他\end{cases} \quad (4.3)$$

或

$$f'(x,y)=\begin{cases}1, & 其他\\0, & t_1\leq f(x,y)\leq t_2\end{cases} \quad (4.4)$$

在利用取阈值方法来分割灰度图像时，一般都对图像有一定的假设，即图像由具有单峰灰度分布的目标和背景组成，处于目标或背景内部相邻像素间的灰度值是高度相关的，但处于目标和背景交界处两边的像素在灰度值上有很大差别。如果一幅图像满足这些条件，它的灰度直方图基本上由分别对应目标和背景的两个单峰直方图混合构成。进一步，如果这两个分布大小（数量）接近且均值相距足够远，而且两部分的方差也足够小，直方图应为较为明显的双峰，如图 4-1 所示，对这类图像常可用取阈值方法能较好地分割。

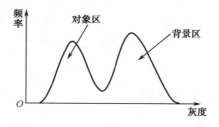

图 4-1　典型的双峰直方图模型

4.1.2 大津阈值选择

大津阈值（Otsu's Thresholding）也称为最大类间方差阈值，1980年由日本的大津展之提出，它是在最小二乘法原理的基础上推导出来的，可得到较好的结果。

把直方图在某一阈值处分割成两组，当被分成的两组间方差为最大时，决定阈值。现在，设一幅图像的灰度值为 $1\sim m$ 级，灰度值 i 的像素数为 n_i，此时我们得到像素总数为

$$N = \sum_{i=1}^{m} n_i \quad (4.5)$$

各值的概率为

$$p_i = \frac{n_i}{N} \quad (4.6)$$

然后，用 t 将其分成两组 $C_0 = \{1\sim t\}$ 和 $C_1 = \{t+1\sim m\}$，各组产生的概率如下。

C_0 产生的概率为

$$w_0 = \sum_{i=1}^{t} p_i = w(t) \quad (4.7)$$

C_1 产生的概率为

$$w_1 = \sum_{i=t+1}^{m} p_i = 1 - w_0 \quad (4.8)$$

C_0 的平均值为

$$\mu_0 = \sum_{i=1}^{t} \frac{ip_i}{w_0} = \frac{\mu(t)}{w(t)} \quad (4.9)$$

C_1 的平均值为

$$\mu_1 = \sum_{i=t+1}^{m} \frac{ip_i}{w_1} = \frac{\mu - \mu(t)}{1 - w(t)} \quad (4.10)$$

式中，$\mu = \sum_{i=1}^{m} ip_i$ 是整体图像的灰度平均值；$\mu(t) = \sum_{i=1}^{t} ip_i$ 是阈值为 t 时的灰度平均值。

所以全部采样的灰度平均值为

$$\mu = w_0\mu_0 + w_1\mu_1 \quad (4.11)$$

两组间的方差为

$$\delta^2(t) = w_0(\mu_0 - \mu)^2 + w_1(\mu_1 - \mu)^2 = w_0 w_1 (\mu_1 - \mu_0)^2 = \frac{[\mu w(t) - \mu(t)]^2}{w(t)[1-w(t)]} \quad (4.12)$$

从 $1\sim m$ 之间改变 t，求式（4.12）为最大值时的 t，即求 $\max \delta^2(t)$ 时的 t^* 值，此时，t^* 便是阈值。我们把 $\delta^2(t)$ 称为阈值选择函数。当皮肤镜图像的直方图有比较明显的双峰时，大津阈值能得到比较满意的结果。但对于皮损目标过渡区比较宽、对比度差的情况，常常会出现欠分割的现象。图 4-2 是对两幅白色人种皮肤镜图像进行大津阈值分割的实例，图 4-2（a）是两幅原图，图 4-2（b）是它们的直方图，图 4-2（c）是大津阈值的结果，其中有一些噪声及内部孔洞，对图 4-2（c）进行滤波去噪，并去除目标内部的孔洞，可得到图 4-2（d）所示的最终分割结果。从图 4-2（a）可以看出，上面一幅图像比较简单，其直方图具有明显的双峰，大津阈值分割的结果也比较理想，而下面一幅图像的皮损目标内部具有较大的过渡区域，其直方图双峰表现不明显，大津阈值分割后产生了欠分割现象。

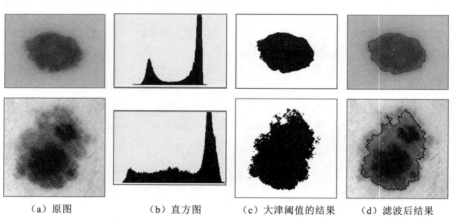

（a）原图　　　（b）直方图　　　（c）大津阈值的结果　　　（d）滤波后结果

图 4-2　大津阈值分割的实例

式（4.12）是针对目标和背景两类目标分割的，即单阈值选择，当对图像进行 3 类目标分割时，我们可以将其推广至双阈值选择。设一幅图像的灰度值为 $1\sim m$，用 t_1、t_2 将图像分成 $C_0 = \{1\sim t_1\}$、$C_1 = \{t_1+1\sim t_2\}$ 和 $C_2 = \{t_2+1\sim m\}$ 3 个组，w_0、w_1 和 w_2 分别对应 3 个组产生的概率，μ_0、μ_1 和 μ_2 分别对应 3 个组的平均值，则各组两两共同产生的概率如下。

C_0、C_1 共同产生的概率为

$$w_{0,1} = \sum_{i=1}^{t_1} p_i + \sum_{i=t_1+1}^{t_2} p_i = w_0 + w_1 \qquad (4.13)$$

C_0、C_2 共同产生的概率为

$$w_{0,2} = \sum_{i=1}^{t_1} p_i + \sum_{i=t_2+1}^{m} p_i = w_0 + w_2 \quad (4.14)$$

C_1、C_2 共同产生的概率为

$$w_{1,2} = \sum_{i=t_1+1}^{t_2} p_i + \sum_{i=t_2+1}^{m} p_i = w_1 + w_2 \quad (4.15)$$

C_0、C_1 共同的平均值为

$$v_{0,1} = \sum_{i=1}^{t_1} \frac{ip_i}{w_{0,1}} + \sum_{i=t_1+1}^{t_2} \frac{ip_i}{w_{0,1}} = \sum_{i=1}^{t_2} \frac{ip_i}{w_{0,1}} \quad (4.16)$$

C_1、C_2 共同的平均值为

$$v_{1,2} = \sum_{i=t_1+1}^{m} \frac{ip_i}{w_{1,2}} \quad (4.17)$$

C_0、C_2 共同的平均值为

$$v_{0,2} = \sum_{i=1}^{t_1} \frac{ip_i}{w_{0,2}} + \sum_{i=t_2+1}^{m} \frac{ip_i}{w_{0,2}} \quad (4.18)$$

根据式（4.12），基于最大类间方差的双阈值选择公式为

$$\begin{aligned}\delta^2(t_1,t_2) = &w_{0,1}\left[w_0(\mu_0-v_{0,1})^2 + w_1(\mu_1-v_{0,1})^2\right] \\ &+ w_{12}\left[w_1(\mu_1-v_{1,2})^2 + w_2(\mu_2-v_{1,2})^2\right] \\ &+ w_{0,2}\left[w_0(\mu_0-v_{0,2})^2 + w_2(\mu_2-v_{0,2})^2\right]\end{aligned} \quad (4.19)$$

从 $1 \sim m-1$ 之间改变 t_1，每改变一次，t_2 取遍所有的 $t_1+1 \sim m$ 的值，计算 $\max \delta^2(t_1,t_2)$ 时的 t_1^* 和 t_2^* 的值，t_1^*、t_2^* 便是阈值。根据式（4.19），图 4-3 是进行大津双阈值分割的实例，可以看出，对于图像中有明显过渡区的皮肤镜图像，双阈值选择分割结果与人眼视觉相一致。

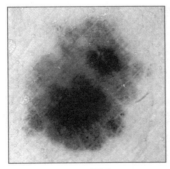
（a）原图

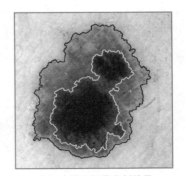
（b）大津双阈值分割结果

图 4-3 大津双阈值分割实例

4.2　K-均值聚类分割

聚类分析是把给定的样本集合 $X=\{x_1,x_2,\cdots,x_n\}$ 按照某种准则分割成 k 个不相交的子集，每个子集中的样本之间相似性较大，不同子集样本之间的相似性较小。采用聚类方法分割图像，无须训练样本，是一种无监督的统计方法，它通过迭代地执行分类算法来提取各类的特征值，从而达到分割的目的。

一般情况下，聚类算法具有以下3个要点。

（1）选定某种距离度量作为样本间的相似性度量。

（2）确定某个评价聚类结果质量的准则函数。

（3）给定某个初始分类，然后用迭代算法找出使准则函数取极值的最好聚类结果。

下面以这3个要点为主线，介绍 K-均值聚类分割的原理和过程。

1. 准则函数——误差平方和准则

若 N_i 是第 i 聚类 X_i 中的样本数目，u_i 是样本的均值，即

$$u_i=\frac{1}{N_i}\sum_{x\in X_i}x \tag{4.20}$$

把 X_i 中的各样本 x 与均值 u_i 间的误差平方和对所有类相加后为

$$J_e=\sum_{i=1}^{c}\sum_{x\in X_i}\|x-u_i\|^2 \tag{4.21}$$

J_e 是误差平方和聚类准则，它度量了用 c 个聚类中心 $u_1,u_2,\cdots,u_c$ 代表 c 个样本子集在 $X_1,X_2,\cdots,X_c$ 时所产生的总的误差平方和。对于样本集的不同分类，导致不同的样本子集 X_i 及其均值 u_i，从而得到不同的 J_e 值，而最佳的聚类是使 J_e 为最小的分类。这种类型的聚类通常称为最小方差划分。

2. 样本集初始划分

为得到最优结果，首先要对样本集进行初始划分，一般做法是先选择一些代表点作为聚类的核心，然后把其余的样本按某种方法分到各类中去。

通过迭代方法求极值的一个普遍问题是局部极值与全局极值问题。在 K-均值算法等动态聚类方法中也有类似问题。在这种情况下，初始值的选择就会对最终达到哪一个极值有决定性影响，因此 K-均值算法的初始划分也是一个重要环节，一般通过一些启发式方式来确定初始划分。

下面是代表点的几种选择方法。

（1）凭经验选择代表点。根据问题的性质，用经验的办法确定类别数，从数据中找出从直观上看比较合适的代表点。

（2）将全部数据随机地分为 c 类，计算各类重心，将这些重心作为每类的代表点。

（3）"密度"法选择代表点。这里的"密度"是具有统计性质的样本密度。一种求法是对每个样本确定大小相等的邻域（如同样半径的超球体），统计落在其邻域的样本数，称为该点"密度"。在得到样本"密度"后，选"密度"为最大的样本点作为第一个代表点，然后人为规定在距该代表点 d 距离外的区域内，找次高"密度"的样本点作为第二个代表点，依次选择其他代表点，使用这种方法的目的是避免代表点过分集中在一起。

（4）从（$c-1$）聚类划分问题的解中产生 c 聚类划分问题的代表点。其具体做法是：可先把全部样本看作一个聚类，其代表点为样本的总均值；然后确定两聚类问题的代表点是一聚类划分的总均值和离它最远的点；依次类推，则 c 聚类划分问题的代表点就是（$c-1$）聚类划分最后得到的各均值再加上离最近均值最远的点。

总之，以上这些选择代表点的方法都是带有启发性的，不同的方法得到不同的初始代表点，它将影响聚类的结果。

在选定代表点后要进行初始划分，下面列出几种确定初始划分的方法。

（1）对选定的代表点按距离最近的原则将样本划属各代表点代表的类别。

（2）选择一批代表点后，每个代表点自成一类，将剩余样本依顺序归入与其距离最近的代表点的那一类，并立即重新计算该类的重心以代替原来的代表点。然后再计算下一个样本的归类，直至所有样本都归到相应的类中为止。

（3）既选择了代表点，又同时确定了初始划分的方法。首先规定一阈值 d；然后选 $X_1 = \{x_1\}$，计算样本 x_2 与 x_1 的距离 $D(x_2, x_1)$，如其小于 d，则归入 X_1，否则建立新的类别 $X_2 = \{x_2\}$；当轮到样本 x_l 时，假如已形成了 K 类，即 $X_1, X_2, \cdots, X_K$，而每类第一个归入的样本分别为 $x_1^1, x_2^1, \cdots, x_K^1$，则计算 $D(x_i^1, x_l), i = 1, \cdots, K$，若有 $D(x_i^1, x_l) > d$ 对所有的 $i = 1, \cdots, K$ 成立，则建立新类 $X_{K+1} = \{x_l\}$，否则将 x_l 归入与 $x_1^1, x_2^1, \cdots, x_K^1$ 距离最近的类别中。

（4）先将数据标准化，用 x_{ij} 表示标准化后第 i 个样本的第 j 分量，令

$$\text{SUM}(i) = \sum_{j=1}^{d} x_{ij} \quad (4.22)$$

$$\text{MA} = \max_{i} \text{SUM}(i) \quad (4.23)$$

$$\text{MI} = \min_{i} \text{SUM}(i) \quad (4.24)$$

如果欲将样本划分为 c 类,则对每个 i 计算,即

$$\frac{(c-1)[\text{SUM}(i) - \text{MI}]}{\text{MA} - \text{MI}} + 1 \quad (4.25)$$

假设与这个计算值最近的整数为 K,则将第 i 个样本归入第 K 类。

3. 迭代计算

显然,由以上各种方法获得的初始划分只能作为一个迭代过程的初始条件,须按准则函数极值化的方向对初始划分进行修正。在使用上面提到的误差平方和准则时,可以按以下方法进行计算。

如果原属 X_k 中的一个样本 x 从 X_k 移入 X_j 时,它会对误差平方和产生影响,X_k 类在抽出样本 x 后用 $\tilde{X}_k$ 表示,其相应均值 $\tilde{u}_k$ 为

$$\tilde{u}_k = u_k + \frac{1}{N_k - 1}(u_k - x) \quad (4.26)$$

式中,u_k、N_k 是 X_k 的均值与样本数。

设 X_j 接受 x 后的集合是 $\tilde{X}_j$,其相应的均值是 $\tilde{u}_j$,则

$$\tilde{u}_j = u_j + \frac{1}{N_j + 1}(x - u_j) \quad (4.27)$$

式中,u_j、N_j 是 X_j 的均值与样本数。

由于 x 的移动只影响 X_k 和 X_j 两类,而对其他的类是无任何影响的,因此我们只要计算这两类新的误差平方和 $\tilde{J}_k$ 和 $\tilde{J}_j$ 为

$$\tilde{J}_k = J_k - \frac{N_k}{N_k - 1}\|x - u_k\|^2 \quad (4.28)$$

$$\tilde{J}_j = J_j + \frac{N_j}{N_j + 1}\|x - u_j\|^2 \quad (4.29)$$

如果有

$$\frac{N_j}{N_j + 1}\|x - u_j\|^2 < \frac{N_k}{N_k - 1}\|x - u_k\|^2 \quad (4.30)$$

则将样本 x 从 X_k 移入 X_j,就会使误差平方总和 J_e 减小。只有当 x 离 u_j 的距离比离 u_k 的距离更近时,才满足上述不等式。

综上所述,K-均值算法可归纳成如下几个步骤。

步骤 1：选择某种方法把 N 个样本分成 c 个聚类的初始划分，计算每个聚类的均值 u_1、u_2、$\cdots$、u_c 和 J_e。

步骤 2：选择一个备选样本 x，设其在 X_i 中。

步骤 3：若 $N_i = 1$，则转步骤 2，否则继续。

步骤 4：计算

$$\rho_j = \begin{cases} \dfrac{N_j}{N_j+1}\|x-u_j\|^2, & j \neq i \\ \dfrac{N_i}{N_i-1}\|x-u_i\|^2, & j = i \end{cases} \quad (4.31)$$

步骤 5：对于所有的 j，若 $\rho_k < \rho_j$，则将 x 从 X_i 移到 X_k 中。

步骤 6：重新计算 u_i 和 u_k 的值，并修改 J_e。

步骤 7：若连续迭代 N 次（即所有样本都运算过）J_e 不变，则停止，否则转到步骤 2。

图 4-4 是运用 K-均值算法对图像进行聚类的实例。图 4-4（a）是一幅皮肤镜图像，采用大津阈值方法对图像进行分割，分割结果作为样本集的初始划分，并以像素灰度值作为样本的特征属性，运行 K-均值算法对图像聚类；图 4-4（b）是聚 3 类的结果；聚类后存在小的孤立点，这些小的孤立点可以采用子区域滤除技术进行滤除；图 4-4（c）是孤立点滤除后的结果。对于图 4-4（c），还要进行合并后处理，由于正常的背景皮肤一般位于图像的四周位置，且比皮损目标亮，因此可以根据这个先验知识，设定一个合并规则，将 3 个子区域合并成皮损目标和皮肤背景两部分，如图 4-4（d）所示。

（a）皮肤肿瘤图像　　（b）K-均值算法聚 3 类　（c）滤除小的孤立区域　（d）合并成目标和背景

图 4-4　K-均值算法聚类分割实例

4.3　Mean Shift 聚类分割

Mean Shift 算法是一种核密度估计方法，用来分析复杂多模特征空间，确定特征聚类的非参数密度估计，被广泛应用于图像处理和视觉任务中。

4.3.1 核密度估计

核密度估计法又称为 Parzen 窗法,其含义可理解为将每个采样点为中心的局部函数的平均效果作为该采样点概率密度函数的估计值。对于 d 维空间 R^d 中的 n 个数据点 x_i,样本 x 的多维核密度估计公式为

$$\hat{f}_{h,K}(x) = \frac{1}{nh^d}\sum_{i=1}^{n} K\left(\frac{x-x_i}{h}\right) \qquad (4.32)$$

式中,$K(x)$ 是核函数(又称为窗函数);h 是核函数的大小(又称为核函数的带宽)。

在所有实际应用中,核函数 $K(x)$ 均采用径向对称核函数,其满足

$$K(x) = ck(\|x\|^2) \qquad (4.33)$$

式中,c 是令 $K(x)$ 积分为 1 的严格为正的常数。

两种典型的核函数包括正态核 $K_N(x)$(也称为高斯核)和 Epanechnikov 核 $K_E(x)$。

正态核函数的定义为

$$K_N(x) = c \cdot \exp\left(-\frac{1}{2}\|x\|^2\right) \qquad (4.34)$$

该核函数的轮廓函数 $k_N(x)$ 为

$$k_N(x) = \exp\left(-\frac{1}{2}x\right), \qquad x \geq 0 \qquad (4.35)$$

为了得到具有紧支撑特点的核函数,正态核函数通常进行对称截取。Epanechnikov 核函数的定义为

$$K_E(x) = \begin{cases} c(1-\|x\|^2), & \|x\| \leq 1 \\ 0, & \|x\| > 1 \end{cases} \qquad (4.36)$$

该核函数的轮廓函数 $k_E(x)$ 为

$$k_E(x) = \begin{cases} 1-x, & 0 \leq x \leq 1 \\ 0, & x > 1 \end{cases} \qquad (4.37)$$

并且其在边界不可微。

4.3.2 密度梯度估计

我们关注求出 $f_{h,K}(x)$ 的梯度的零点,即确定满足 $\nabla f_{h,K}(x) = 0$ 的 x。这样,我们的问题就可以从对密度的估计转化为对密度梯度的估计,即

$$\hat{\nabla}f_{h,K}(x) = \nabla \hat{f}_{h,K}(x) = \frac{1}{nh^d}\sum_{i=1}^{n} \nabla K\left(\frac{x-x_i}{h}\right) \qquad (4.38)$$

由式（4.33），有

$$\hat{\nabla} f_{h,K}(x) = \frac{2c_k}{nh^{(d+2)}} \sum_{i=1}^{n} (x - x_i) \, k'\left(\left\|\frac{x-x_i}{h}\right\|^2\right) \quad (4.39)$$

式中，c_k 是规范化的常数。

令 $-k'(x) = g(x)$，假设除有限点外，对于所有 $x \in [0, \infty)$，轮廓函数 $k(x)$ 的导数均存在，则式（4.39）可重写为

$$\begin{aligned}\hat{\nabla} f_{h,K}(x) &= \frac{2c_k}{nh^{(d+2)}} \sum_{i=1}^{n} (x_i - x) \, g\left(\left\|\frac{x-x_i}{h}\right\|^2\right) \\ &= \frac{2c_k}{nh^{(d+2)}} \left(\sum_{i=1}^{n} g_i\right)\left(\frac{\sum_{i=1}^{n} x_i g_i}{\sum_{i=1}^{n} g_i} - x\right)\end{aligned} \quad (4.40)$$

式中，$g_i = g(\|(x-x_i)/h\|^2)$。

将 $g(x)$ 看作一个轮廓函数，仿照式（4.33），定义核函数 $G(x) = c_g \, g(\|x\|^2)$，则由核函数 G 计算的密度估计 $\hat{f}_{h,G}$ 为

$$\hat{f}_{h,G}(x) = \frac{c_g}{nh^d} \sum_{i=1}^{n} g\left(\left\|\frac{x-x_i}{h}\right\|^2\right) \quad (4.41)$$

对比式（4.40）和式（4.41）可知，式（4.40）等号右边的第一项 $\dfrac{2c_k}{nh^{(d+2)}} \sum_{i=1}^{n} g_i$ 与 $\hat{f}_{h,G}$ 成比例。而式（4.40）等号右边的第二项 $\dfrac{\sum_{i=1}^{n} x_i g_i}{\sum_{i=1}^{n} g_i} - x$ 表示 Mean Shift 向量 $\boldsymbol{m}_{h,G}(x)$ 为

$$\boldsymbol{m}_{h,G}(x) = \frac{\sum_{i=1}^{n} x_i g\left(\left\|\frac{x-x_i}{h}\right\|^2\right)}{\sum_{i=1}^{n} g\left(\left\|\frac{x-x_i}{h}\right\|^2\right)} - x \quad (4.42)$$

由此，式（4.40）可重写为

$$\hat{\nabla} f_{h,K}(x) = \hat{f}_{h,G}(x) \frac{2c_k}{h^2 c_g} \boldsymbol{m}_{h,G}(x) \quad (4.43)$$

进而，得

$$\boldsymbol{m}_{h,G}(x) = \frac{1}{2c_k} h^2 c_g \frac{\hat{\nabla} f_{h,K}(x)}{\hat{f}_{h,G}(x)} \quad (4.44)$$

式（4.44）中，核 $G(x)$ 的密度估计 $\hat{f}_{h,G}(x)$ 是一个正数，因此，$\boldsymbol{m}_{h,G}(x)$ 与梯度 $\hat{\nabla} f_{h,K}(x)$ 的方向是一致的，也就是说，Mean Shift 向量同梯度一样，始终

指向密度值增大的方向。

假设初始点 x 所在的窗口中有 n 个样本 x_i,初始点 x 的核函数为 $G(x)$,误差阈值为 ε,则 Mean Shift 算法寻找密度最大的过程可总结如下。

步骤 1:根据式(4.42)计算 Mean-Shift 向量 $\boldsymbol{m}_{h,G}(x)$。

步骤 2:如果 $\|\boldsymbol{m}_{h,G}(x)\| < \varepsilon$,则表示 Mean Shift "爬"到局部的概率密度最大处,算法终止,否则执行步骤 3。

步骤 3:以新的质心 $\boldsymbol{m}_{h,G}(x)+x$ 为中心点赋予 x,以新的 x 所在窗口为当前窗口,执行步骤 1。

从上述步骤中可以看出,Mean Shift 算法是一个迭代寻找局部模式(即概率密度最大处)的过程,该迭代过程可以用式(4.45)表示,即

$$y_{j+1} = \sum_{i=1}^{n} x_i g\left(\left\|\frac{y_j - x_i}{h}\right\|^2\right) \Big/ \sum_{i=1}^{n} g\left(\left\|\frac{y_j - x_i}{h}\right\|^2\right) \quad (4.45)$$

式中,y_1 即为初始位置 x。

y_{j+1} 序列最终收敛于密度最大处,它可用图 4-5 形象地表示。图 4-5(a)是随机选取一个感兴趣区域作为初始位置,计算它的质心,质心与感兴趣区域的偏移称为 Mean-Shift,表示密度增大的方向;图 4-5(b)得到以质心为中心的新的感兴趣区域,计算新区域的质心;图 4-5(c)和图 4-5(d),迭代地重复上述过程,最终收敛到密度最大的区域。

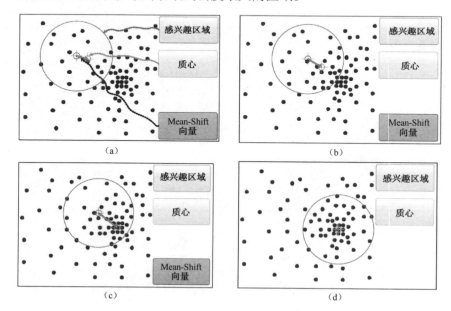

图 4-5 Mean-Shift 算法演示

4.3.3 Mean Shift 图像聚类

一幅图像由 p 维像素构成的 d 维网格（空间域）表示，其中，p 代表图像的频带数量（颜色域），$p=1$ 表示灰度图像，$p=3$ 表示彩色图像，对于一幅静态图像，$d=2$。为两个域假设一个欧氏距离，空间域和颜色域的向量可结合成一个空间—颜色联合域。联合域的核函数 $K_{h_s,h_r}(x)$ 由两个径向对称的核函数组成，h_s 和 h_r 分别表示空间域和颜色域中的核函数的大小，p 和 d 表示空间的维数，则有

$$K_{h_s,h_r}(x) = \frac{c}{h_s^d h_r^p} k\left(\left\|\frac{x^s}{h_s}\right\|^2\right) k\left(\left\|\frac{x^r}{h_r}\right\|^2\right) \tag{4.46}$$

式中，x^s 和 x^r 是特征向量的空间域部分和颜色域部分；$k(x)$ 是应用在两个域中通用的轮廓函数；c 是一个规范化的常数。

Mean Shift 图像聚类分割算法采取不连续性保护滤波和 Mean Shift 聚类这两步程序。设原始 d 维图像的像素用 x_i 表示，滤波后图像的像素用 z_i 表示，并且这些像素是在空间—颜色联合域中表示的，则 Mean Shift 滤波的步骤如下。

步骤 1：对每个像素 x_i 初始化为起始步，令 $j=1$，$y_{i,1}=x_i$。

步骤 2：根据式（4.45）计算 $y_{i,j+1}$，直到收敛于 $y_{i,\text{con}}$。

步骤 3：滤波后的像素赋值为 $z_i=(x_i^s, y_{i,\text{con}}^r)$。

上标 s 和 r 分别表示滤波结果的空间域和颜色域，即滤波后 x_i 处像素值收敛于 $y_{i,\text{con}}^r$ 的像素值。在空间—颜色联合域中，Mean Shift 向密度最大的方向运动。

图像滤波之后，在空间—颜色联合域中定义像素 x_i 和 z_i，并令 L_i 表示聚类图像中像素 i 的聚类标记。则 Mean Shift 图像聚类分割的步骤如下。

步骤 1：运行 Mean Shift 滤波算法，存储 d 维收敛点 $y_{i,\text{con}}$ 的全部信息。

步骤 2：通过对全部的 z_i 进行归类，即在空间域上距离小于 h_s，且在颜色域上距离小于 h_r，确定聚类 $\{C_p\}_{p=1,\cdots,m}$。换句话说，即合并这些收敛点的吸聚盆。

步骤 3：对每一个像素 $i=1,\cdots,n$，令 $L_i=\{p\,|\,z_i\in C_p\}$。

步骤 4：必要时可以消除像素个数小于 S 的区域。

图 4-6 是用 Mean-Shift 算法对皮肤镜图像进行聚类分割的过程。图 4-6（a）是一幅皮肤镜图像；图 4-6（b）是用 Mean-Shift 算法对图 4-6（a）进行滤波的结果。从图 4-6 可以看出，皮损目标和正常皮肤背景在不同程度上均被平

滑,去掉了小尺度的细节信息,同时保护图像大尺度的边界信息。图 4-6(c)是对图 4-6(a)进行 Mean-Shift 聚类分割的结果,可以看到 Mean-Shift 聚类能按照内容将图像划分成许多区域,它的聚类分割结果类似于传统的 Watershed 分割算法,一般都存在过分割,因此需要一定的合并后处理,才能得到有意义的分割结果。

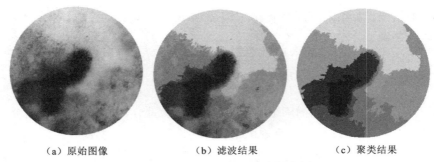

(a)原始图像　　　　　(b)滤波结果　　　　　(c)聚类结果

图 4-6　Mean-Shift 聚类分割实例

4.3.4　子区域合并后处理

子区域合并依据的指标会影响分割结果的准确性和稳定性。事实上,子区域的合并可以看作一种特殊的分类,即判别每个子区域属于皮损和背景两类中的哪一类。分类需要满足类内的聚集性、一致性,以及类间的离散性、差异性。好的分类应该能同时满足类内和类间两方面的要求。因此子区域合并的指标应该能刻画这两方面要求。

在数学中,方差是刻画离散度的指标,方差越大,离散度越大,而方差越小,一致性越好。

类内方差定义为

$$\delta_{\text{inner}}^2 = \frac{\sum_{i=1}^{n}(c_i - \mu)^2}{n} \quad (4.47)$$

式中,c_i 表示类内第 i 个像素值;μ 表示类内像素的平均值;n 是该类图像的像素数。

类间方差定义为

$$\delta_{\text{between}}^2 = \omega_1(\mu_1 - \mu)^2 + \omega_2(\mu_2 - \mu)^2 \quad (4.48)$$

式中,ω_1 是皮损目标区域的面积比例;ω_2 是背景皮肤区域的面积比例;μ_1 是皮损目标区域的灰度均值;μ_2 是背景皮肤区域的灰度均值;μ 是整幅图像的灰度均值。

同时满足类内方差最小、类间方差最大的组合指标的公式形式可设计为

$$\delta^2_{combine} = \frac{\delta^2_{between}}{\delta^2_{inner}} \qquad (4.49)$$

当 $\delta^2_{combine}$ 最大时，得到结果。

由于皮损区域内部往往有多种颜色，而且颜色分布不均匀、无规律，各种不同病症的皮损区域具有不同的特征，很难总结出一个统一的模式。但是健康皮肤背景区域却是颜色均匀、纹理一致的，所以将背景皮肤区域的类内方差指标引入分割指标具有合理性。皮损区域与健康皮肤背景区域的图像特点差异较大，因此将皮损区域与健康皮肤背景区域的类间方差指标引入分割指标也具有合理性。但是皮损内部区域的颜色分布不均匀、无规律、变化多样，因此不宜将皮损内部区域的方差指标引入分割指标。

由此，利用式（4.50）替代式（4.49），用于皮肤镜图像合并后处理的最佳指标为

$$\delta^2_{combine} = \frac{\delta^2_{between}}{\delta^2_{background}} \qquad (4.50)$$

式中，$\delta^2_{background}$ 表示健康皮肤背景区域的类内方差；$\delta^2_{between}$ 表示背景皮肤和皮损目标两个区域的类间方差。

图 4-7 是对 Mean-Shift 聚类进行子区域合并的实例。图 4-7（a）的上面一幅为黄色人种皮肤镜图像，下面一幅是白色人种皮肤镜图像；图 4-7（b）是对图 4-7（a）进行 Mean-Shift 聚类的结果；图 4-7（c）为子区域合并后得到的最终分割结果。

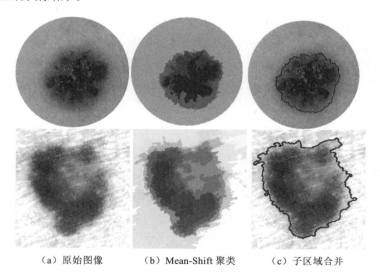

（a）原始图像　　　（b）Mean-Shift 聚类　　　（c）子区域合并

图 4-7　子区域合并后的处理实例

4.4 基于 SGNN 的分割

自生成神经网络（Self-Generating Neural Network，SGNN）是一类利用竞争学习机制的一种非监督学习自组织神经网络，它不需要用户指定网络结构和学习参数，而且不需要迭代学习，是一类具有鲜明特点的神经网络，适用于分类和聚类。

4.4.1 SGNN 算法原理

SGNN 利用基于 SGNT（Self-Generating Neural Tree）的竞争学习算法，对样本的直接学习过程中自动生成一棵神经树 SGNT。因此 SGNN 是以一种树结构来实现的，其中整个结构包括神经元、神经元之间的联系和权值，都是在学习中采用非监督学习方法自动生成的。

描述 SGNT 算法之前，先给出如下相关定义。

（1）训练样本集 $E = \{e_i\}$，$i = 1,2,\cdots,N$，其中，$e_i = (e_{i1}, e_{i2}, \cdots, e_{iq})$，$q$ 为节点的属性个数。

（2）神经元 n_j 是一个有序对 (v_j, c_j)，$v_j = (v_{j1}, v_{j2}, \cdots, v_{jq})$ 是神经元 n_j 的权值矢量，c_j 是 n_j 的子神经元集合。

（3）SGNT 是一棵按以下算法从训练样本中自动生成的树 $<\{n_j\}, \{l_k\}>$，其中，$\{n_j\}$ 是神经元集合，$\{l_k\}$ 是该树的连接集合。当且仅当 $n_j \in c_i$ 时，n_i 与 n_j 有直接连接。

（4）对于一个输入样本 e_i，$i = 1,2,\cdots,N$，如果 $\forall j$，$d(n_k, e_i) \leq d(n_j, e_i)$，则 n_k 称为赢家（Winner），$d(n_j, e_i)$ 是神经元 n_j 与样本 e_i 之间的距离。样本 e_i 与神经元 n_j 之间的距离为

$$d(v_j, e_i) = \sqrt{\sum_{k=1}^{q}(v_{jk} - e_{ik})^2 / q} \qquad (4.51)$$

则 SGNT 树的构造算法描述如下。

步骤 1：给定训练集 $\{e_i\}$，$i = 1,2,\cdots,N$。

步骤 2：生成一个新节点 n_j，用输入数据 e_i 的属性值作为新节点 n_j 的权值矢量 v_j。如果 $i=1$（第一个输入数据），则转至步骤 6，否则执行步骤 3。

步骤 3：根据式（4.51），计算节点 n_j 与当前 SGNT 树中的所有神经元节点 n_i 之间的距离。找出具有最短距离的获胜神经元节点 n_{win}，如果 n_j 与 n_{win} 间的距离小于给定阈值 T，则 n_j 被并入 n_{win}，否则执行步骤 4。

步骤 4：将 n_j 连接到当前 SGNT 树上，如果 n_{win} 是当前树中的叶节点，

则创建一个新节点 n_{j+1}，令其权值 v_{j+1} 等于 n_{win} 的权值 v_{win}，连接 n_j 和 n_{j+1} 作为 n_{win} 的子节点，否则仅连接 n_j 作为 n_{win} 的子节点。

步骤 5：从节点 n_j 到根节点所经过路径上的每一个节点 n_r，使用公式 $v_r = v_r + (v_j - v_r)/c_r$ 更新其权值矢量，其中，c_r 是以节点 n_r 为根的子树的叶节点个数。

步骤 6：如果 $i = N$，则算法结束，否则 $i = i+1$，转至步骤 2 继续执行。

图 4-8 是一个 SGNT 结构生成的简单示意图。图 4-8（a）是待聚类样本集，其中，e_i，$i = a,b,\cdots,e$ 是各样本的属性；图 4-8（b）是根据 SGNT 生成规则为图 4-8（a）生成的 SGNT 结构，其中，v_i 代表神经元的权值矢量。在最终生成的 SGNT 中，每个叶节点对应一个或多个训练样本，叶节点的权值即为对应训练样本的属性平均值，而每个非叶节点的权值则是其所覆盖的所有叶节点权值的平均值。令根节点的每个子节点代表一个类中心，则以每个子节点为根的子网中的叶节点就是相应类的元素。很显然，由图 4-8（b）可知，a 和 c 被分成了一类，b、d 和 e 则被分成了另一类。以这种方法进行聚类，聚类的类别数即是根节点的子节点数，整个聚类过程都是由算法自动确定的。

从 SGNN 的组织结构和算法功能可知，将图像的像素看作待聚类样本，各像素的颜色或位置信息代表样本的属性，即可运用 SGNN 算法对其进行聚类分割。

（a）五个待聚类样本

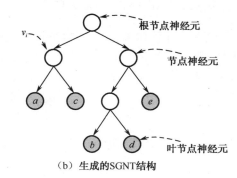

（b）生成的SGNT结构

图 4-8　SGNT 简单结构图

SGNN 是采用树结构实现的，如果把每一个像素点看作一个叶节点，则建立起来的树结构将非常庞大，存储空间的开销也很高，而算法在搜索赢家及连接叶节点进入树结构的时候也会非常耗时。同时该算法对孤立点比较敏感，网络结构过分依赖样本点的输入顺序，算法稳定性差。而皮肤镜图像纹理复杂，皮肤纹理及皮损内部的不同颜色都会造成分割图像上的噪声现象。我们在 4.4.2 节给出 SGNN 的一种改进方法，并将其应用于皮肤镜图像的分割。

4.4.2 改进的 SGNN 分割算法

为了节省时间和空间的消耗，我们先用区域生长法对图像进行粗分割，假设图像经过粗分割后得到 N 个子区域，给每一个子区域一个标号，标号从 1 到 N。在此基础上，我们对 SGNN 方法从以下 3 个方面进行改进。

1. 子区域属性

每个子区域的属性由以下几项组成。

子区域的面积：即子区域所覆盖的像素数，用 area 表示。

边界像素总数：与本子区域接壤的其他子区域的像素总和，用 $\text{neighb}_{\text{all}}$ 表示。

子区域的邻居像素数：令 j 表示本子区域的标号，则子区域 i 中有 neighb_i 个像素与子区域 j 接壤。

子区域的颜色属性：即彩色空间各个通道的均值，用 $v_{jk}, k=1,2,\cdots,q$ 表示，其中，q 为颜色通道数目，如 RGB 彩色空间的 q 为 3。

2. 距离函数及环抱能力的定义

将每个子区域看作一个训练样本，子区域的属性看作节点的属性。子区域 j 对应的叶节点为 n_j，当叶节点 n_j 进入树结构时，它与树结构中各神经元 n_i 间的距离定义为颜色属性的欧式距离，即

$$d(n_j, n_i) = \sqrt{\sum_{k=1}^{q}(v_{jk}-v_{ik})^2 / q} \qquad (4.52)$$

节点 n_j 被神经元 n_i 环抱的能力定义为

$$\text{arround}(n_j, n_i) = \frac{\text{neighb}_i}{\text{neighb}_{\text{all}}} \qquad (4.53)$$

当 $\text{arround}(n_j, n_i)$ 比较大时，说明 n_j 周围的边界像素以神经元 n_i 所覆盖区域内的像素居多，当 $\text{arround}(n_j, n_i)$ 等于 1 时，n_j 完全被 n_i 包围。

3. 节点连接规则

当 n_j 进入树结构时，我们按照如下方式搜索赢家并确定连接规则。

规则 1：搜索 SGNT 上每一个神经元 n_i，记具有最大环抱能力的神经元为 n_m，如果 arround$(n_j, n_m) > T_{\text{arround}}$ 且 n_j 的面积 area $< T_{\text{area}}$（T_{arround} 和 T_{area} 是两个阈值，可根据图像特点来设定），这种情况可以看作在以神经元 n_m 为根的子网所覆盖区域内部包含了一个小的噪声点 n_j，此时将 n_j 并入 n_m，更新从 n_m 到根节点路径上所经过神经元的边界、面积等属性，但 n_m 的颜色属性不变（即节点 n_j 的颜色属性不起作用）。该规则可以消除小的孤立点对聚类的影响。

规则 2：当没有满足要求的 n_m 存在时，则搜索 SGNT 上最小距离 $d(n_j, n_i)$ 的神经元 n_{win}，如果 $d(n_j, n_{\text{win}}) < T$，则创建一个新节点 n_{j+1}，令其权值 v_{j+1} 等于 n_{win} 的权值 v_{win}，连接 n_j 和 n_{j+1} 作为 n_{win} 的子节点，否则仅连接 n_j 作为 n_{win} 的子节点，更新从 n_m 到根节点路径上所经过神经元的边界、面积及颜色等属性。

SGNN 改进算法是一种从粗到精的分割策略，图 4-9 是采用 SGNN 改进算法对一幅皮肤镜图像分割的实例。图 4-9（b）是采用区域生长法对图 4-9（a）的粗分割，图 4-9（c）是对图 4-9（b）的进一步滤波，将图 4-9（c）中的每一个子区域看作一个样本节点，定义节点属性，并采用改进的节点连接规则，可得到图 4-9（d）所示的分割结果，可以看出，目标被分割出来，而且目标边界处的树状突起也被很好地保留了下来。

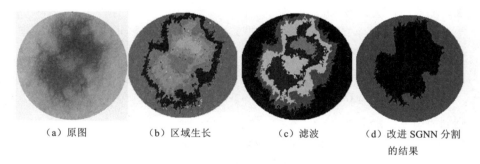

（a）原图　　　（b）区域生长　　　（c）滤波　　　（d）改进 SGNN 分割的结果

图 4-9　SGNN 改进算法的分割实例

4.5　基于 JSEG 的分割

JSEG 方法是由 Yining Deng 和 B.S. Manjunath 于 2001 年在 PAMI 上提出的一种基于颜色和空间纹理信息的无监督区域分割方法。一般的纹理分割算法都需要对纹理模型进行参数估计，而参数估计本身就是一个比较困难的问题。JSEG 主要是测试一个给定颜色纹理模板的同质性，这种方法比估计模板参数在计算上更加可行。JSEG 算法为了辨识这种同质性，对图像做了以下三方面的假设。

（1）每幅图像都包含一些有相似性质的颜色纹理区域。

（2）在一幅图像中，每个区域的颜色值都可以被一种量化后的颜色所取代。

（3）邻域的颜色是不相通的，具有可区分性。

JSEG 算法是在 CIE L*u*v*空间进行的，它把图像分割为两个阶段，即颜色量化和空间分割，下面对此进行介绍。

4.5.1 颜色量化

JSEG 的量化方法分为两个步骤：首先对图像进行预处理，即平滑去噪，然后进行量化。

1．非线性同等组滤波（Peer Group Filtering，PGF）

JSEG 算法采用非线性同等组滤波对图像进行平滑去噪，其基本思想是使用一个 $w \times w$ 的窗口，对中心点 x_0 在窗内找到和它具有相同性质的所有像素点，由这些像素点组成"同等组"集合 p，然后 x_0 的值由同等组内像素的均值来表示。这种方法利用"同等组"代替整个局部窗口，主要是为了在去噪声的同时，避免图像边缘信息的混乱。

用大小为 $w \times w$ 的窗口在图像上搜索，令 $x_0(n)$ 表示第 n 个窗口位置的中心点对应的像素矢量（三通道颜色值），$x_i(n)$，$i=1,\cdots,w^2-1$ 表示窗口内的其他像素，则 $x_i(n)$ 与 $x_0(n)$ 的欧式距离 d_i 为

$$d_i = \|x_0(n) - x_i(n)\|, i = 0,1,\cdots,w^2-1, 且使 d_0 \leq d_1 \leq d_2 \leq \cdots \leq d_{w^2-1} \quad (4.54)$$

则同等组 p 可定义为

$$p(n) = \{x_i(n), \ i = 0,1,2,\cdots,S(n)-1\} \quad (4.55)$$

可见，同等组中的像素包括中心点和邻域中具有相似颜色的像素点，同等组的大小为 $S(n)$。很明显，由于图像不同区域具有不同的性质，所以 $S(n)$ 值不是一个固定的值。这里可以通过 Fisher 判断估计准则来确定 $S(n)$ 值，即通过 Fisher 判断估计准则将窗口内的像素分为两类。如果多于两类，则可以将包含 $x_0(n)$ 的类分出。如果只有一种颜色，则 Fisher 判断估计准则也可以将窗口内的像素分成两类，包含 $x_0(n)$ 的类作为同等组，$x_0(n)$ 依然由其同等组来平滑。

为了消除滤波窗口中噪声的影响，可以通过计算 $d_i(n)$ 的一阶差分 $f_i(n)$ 来判断脉冲噪声，定义为

$$f_i(n) = d_{i+1}(n) - d_i(n) \quad (4.56)$$

通过对序列 $i = 0,\cdots,w^2-1$ 的前 $w/2$ 和后 $w/2$ 个点进行测试，如果

$f_i(n) > \alpha$,则我们认为该点属于噪声,其中 α 是噪声门限,一般设置为 12。将噪声点去除后,对剩下的点进行同等组确认。

在完成了脉冲噪声的去除和同等组分类后,中心像素 $x_0(n)$ 用它的同等组成员的加权代替,即

$$x_{\text{new}}(n) = \frac{\sum_{i=0}^{S(n)-1} \omega_i p_i(n)}{\sum_{i=0}^{S(n)-1} w_i} \quad (4.57)$$

式中,ω_i 是标准高斯权值,$\omega_i = \exp(-(p_i(n) - \mu_i)^2 / 2\sigma_i^2)$,$\mu_i$、$\sigma_i$ 分别是 $p_i(n)$ 的均值和方差。

2. 颜色聚类量化

对图像平滑去噪后,接下来对其进行量化。对于 24 位的彩色图像来说,由于其丰富的颜色信息,直接处理会比较困难,所以需要减少原始图像的颜色数量以降低算法复杂度,即用一组能够区分图像区域的颜色类来表示图像。在后续的工作中,只对这些颜色进行处理。

由于人类视觉对平滑区域比粗糙区域更为敏感,所以在粗糙区域进行粗糙的量化,就要考虑空间的分布问题。基于这些方面,JSEG 算法的量化方法如下。

首先确定像素的权值,根据每个像素的同等组,得到其最大距离 $T(n) = d_{S(n)-1}(n)$,$T(n)$ 表示图像中局部区域的粗糙平滑程度。由此定义每个像素的权值为

$$V(n) = \exp(-T(n)) \quad (4.58)$$

对于平滑区域,$T(n)$ 比较小,从而 $V(n)$ 的值比较大;反之,变化剧烈的区域,$T(n)$ 比较大,从而 $V(n)$ 的值比较小。这样就得到了表征区域平滑度的权值 $V(n)$。求得 $T(n)$ 的平均值 $T_{\text{avg}}(n)$,从而得到初始聚类中心数目为

$$N = \beta T_{\text{avg}}(n) \quad (4.59)$$

式中,β 是调解系数,一般取 2。

然后使用劳埃德算法(general Lloyd algorithm,GLA)对图像颜色进行聚类量化。主要迭代分为以下步骤。

步骤 1:根据上一次迭代的聚类中心,所有的样本按照最近欧式距离原则按标签分类。

步骤 2:按照式(4.60)计算所有样本所在类的质心 c_i,作为新的聚类中心。

$$c_i = \frac{\sum V(n)x(n)}{\sum V(n)}, \quad x(n) \in C_i \qquad (4.60)$$

式中，C_i 是类别标签。

步骤 3：计算所有样本对于新聚类中心的失真度和总失真度，并计算失真的变化值。当失真变化值高于设定的阈值时，则重复这 3 个步骤，满足条件的话，则结束本次迭代，用新的聚类中心进行下一次迭代，直到满足结束条件。

失真度定义为

$$D_i = \sum V(n)\|x(n) - c_i\|^2, \quad x(n) \in C_i \qquad (4.61)$$

GLA 迭代之后，图像的颜色会被分成很多类，所以需要合并颜色近似的类。例如，两个类的质心距离小于设定的阈值时，对其进行合并。

4.5.2 空间分割

JSEG 算法的空间分割采用的是区域生长的方法。空间分割不是在原图像上进行的，而是在由对"类图"的计算得到的"J 图"上进行的，下面对此做具体介绍。

1. 类图

在图像量化以后，图像的颜色被量化为 C 个类别，将每一个颜色类用一个相应的标号来代替，即 C 个标号，由这些标号所组成的图像就是类图。类图可以看作一种特殊类型的纹理图像。在类图中，像素值不是颜色值，而是表示量化后的颜色类别标号。类图中的每个像素点的值是像素位置，即一个二维矢量 (x,y)。图 4-10 展示三种类图实例，其中不同形状代表不同的颜色。

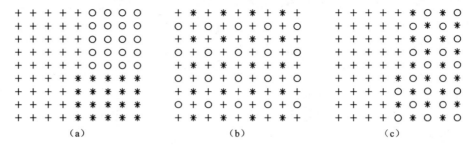

图 4-10 类图实例

2. J 图

所谓 J 图就是图像中像素值由局部 J 值来表示，而每个像素点的局部 J 值的计算是用一个以该像素点为中心点的圆形模板扫描类图而得到的。

假设 Z 是类图 N 个数据点的集合，使 $z = (x, y)$，$z \in Z$，m 是该集合中所有数据点对应的灰度平均值，即

$$m = \frac{1}{N} \sum_{z \in Z} z \qquad (4.62)$$

假设 Z 聚类成 C 类，令 Z_i 为第 $i(i=1,2,\cdots,C)$ 类的像素集合，N_i 表示第 i 类的像素个数，则第 i 类的均值为

$$m_i = \frac{1}{N_i} \sum_{z \in Z_i} z \qquad (4.63)$$

类图总方差可以表示为

$$S_\mathrm{T} = \sum_{z \in Z_i} \|z - m\|^2 \qquad (4.64)$$

类内方差之和表示为

$$S_\mathrm{W} = \sum_{i=1}^{C} \sum_{z \in Z_i} \|z - m_i\|^2 \qquad (4.65)$$

则 J 的定义为

$$J = (S_\mathrm{T} - S_\mathrm{W}) / S_\mathrm{W} \qquad (4.66)$$

计算 J 图时，需要计算图像中每个点的 J 值，具体操作是在以该值为圆心，一定长度为半径的模板区域内按照式（4.66）进行计算。从本质上来讲，J 值的计算类似于 Fisher 准则，从式（4.66）的定义可以看到，在类图的边界点处，J 值越大，调节模板的尺寸可以控制 J 图的复杂度，从而影响图像聚类个数，模板越大，J 图越精细，分割越准确，但是计算速度会越慢。

3. 区域生长

生长过程主要包含两步：一步是种子点的选取；二是区域的生长。

种子区域是区域生长的基础和前提，所对应的点是局部 J 值中的最小值。计算区域中局部 J 值的均值和标准方差值，用 μ_J、σ_J 对应来表示。设置一个阈值 T_J，计算公式为

$$T_J = \mu_J + \gamma \sigma_J \qquad (4.67)$$

γ 是权重系数，值越大，产生的种子点越多。将局部 J 值中低于 T_J 的点选为种子，并且将它们用四连通的方式连接起来，从而获得种子区域。

针对上述种子区域，采用区域生长的方式实现图像的快速分割，步骤如下。

步骤 1：除去种子区域中的孔洞，即区域中的非种子点。

步骤 2：计算区域中没有分割的像素点局部 J 值的均值，连接其 J 值小于均值的像素点，则形成一个增长区域，如果此区域有且仅有一个相邻的种子区域，则将其分配给该种子区域。

步骤 3：对剩余的像素计算局部 J 值，为了较精确地确定边界，使用一个更小尺寸的窗进行，重复步骤 2。

步骤 4：以最小的尺寸对剩余的像素依次进行增长，首先将未归类的种子边缘点的像素存储至一个缓冲器，然后把具有最小局部 J 值的像素点分配给其邻近种子区域，缓冲器同时更新，直到所有的像素归类完毕。

图像的初始分割完成以后，往往存在过分割现象，所以需要合并那些颜色相似的区域，此处，采用颜色直方图距离来实现。对区域 i 和 j，统计两者量化后的颜色直方图，并计算颜色直方图距离 $D(i, j) = \|H_i - H_j\|$，如果该距离小于给定的阈值 T，则对两个区域进行合并。

图 4-11 是对两幅皮肤镜图像进行 JSEG 聚类分割的实例。图 4-11（a）的上面一幅是黄色人种皮肤镜图像，下面一幅是白色人种皮肤镜图像；图 4-11（b）是对图 4-11（a）进行 JSEG 聚类的结果，可以看见 JSEG 算法将图像聚类为几个大的子区域，与 Mean-Shift 算法类似，要对这些子区域进行合并；图 4-11（c）是合并后的结果。

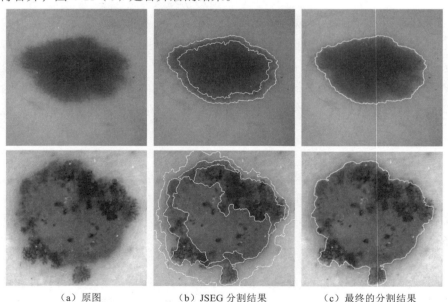

（a）原图　　　　　（b）JSEG 分割结果　　　　　（c）最终的分割结果

图 4-11　基于 JSEG 的皮肤镜图像分割实例

4.6 基于 SRM 的分割

统计区域融合（Statistical Region Merging，SRM）是一种快速的基于统计原理的图像分割算法。该算法适用于多种颜色空间，本书以 RGB 颜色空间为例进行介绍。

观察的图像 I 可以被认为是理想图像 I^* 的一个采样，即 I^* 是对 I 进行分割的理想结果图。我们要求对每个像素和其中的各个通道的采样是相互独立的，而不像常见的算法假设其是独立、同分布的。在独立的条件下，要求 I^* 在统计区域中满足以下条件即可。

（1）在任何统计区域内部，给定任何一个彩色通道，各个像素的统计值在该彩色通道具有相同的期望值。

（2）相邻统计区域（不同的统计区域）至少在某个彩色通道具有不同的期望值。

假设图像 I 的每个颜色通道都由 Q 个独立随机变量进行采样，并限制每个采样的下界为 0，上界为 g/Q（g 是各个像素点采样的最大值，RGB 彩色空间中该值为 256），此上界保证了这 Q 个随机变量的和不大于 g。参数 Q 用来控制对理想图像 I^* 的统计复杂度，或者简单地说，是任务的统计难度，Q 值越大，图像得到的统计区域个数越多。因此，可以考虑用 Q 来获得对一幅图像的由粗到精的渐进分割。

4.6.1 融合预测

该方法基于定理 1 进行推导，虽然 SRM 适用于多颜色通道处理，这里为了阐述方便，以灰色图像为例进行说明。

定理 1 独立界差不等式定理。

令 $X = (x_1, x_2, \cdots, x_n)$ 由 n 个独立随机变量构成，且 x_k（$k=1,2,\cdots,n$）的取值范围为 A_k。假设实值函数 $f(X)$ 定义于 $\prod_k A_k$，并且满足当 X 和 X' 仅在第 k 个分量值不同时，有 $|f(X) - f(X')| \leq c_k$。令 μ 为随机变量 $f(X)$ 的数学期望。此时，对任意 $\tau \geq 0$，$f(X) - \mu \geq \tau$ 的概率满足下列不等式：

$$P(f(X) - \mu \geq \tau) \leq \exp(-2\tau^2 / \sum_k (c_k)^2) \tag{4.68}$$

定义 $\overline{R}$ 为观察图像 I 在区域 R 内的灰度均值，$E(R)$ 代表区域 R 对应理想图像上的灰度值期望，通过定理 1，可以得到图像 I 中观察的不同区域之间的差别推论。

推论：图像 I 中两个区域组成的一个序偶 (R, R')，对于 $\forall 0 < \delta < 1$，假设该序偶同属一个区域的概率不大于 δ，则

$$|\overline{R} - \overline{R'} - E(\overline{R} - \overline{R'})| \geqslant g\sqrt{\frac{1}{2Q}\left(\frac{1}{R} + \frac{1}{R'}\right)\ln\frac{2}{\delta}} \quad (4.69)$$

证明：$|R|$ 表示 R 区域的像素个数，如果改动序偶 (R, R') 中的随机变量集 $Q(|R| + |R'|)$ 中一个随机变量的值，假设随机变量在 R 区，则对 $|\overline{R} - \overline{R'}|$ 中 R 的影响至多为 $c_R = g / (Q|R|)$。如果随机变量在 R' 区，同理，对区域 R' 的影响至多为 $c_{R'} = g / (Q|R'|)$。因此，有

$$\sum_k (c_k)^2 = Q(|R|(c_R)^2 + |R'|(c_{R'})^2) = (g^2/Q)((1/|R| + 1/|R'|)) \quad (4.70)$$

使用绝对值的概率至多为非绝对值的 2 倍，由此可得

$$2\exp(-2\tau^2 / \sum_k (c_k)^2) = \delta \quad (4.71)$$

将式（4.70）代入式（4.71），即可得

$$\tau = g\sqrt{\frac{1}{2Q}\left(\frac{1}{R} + \frac{1}{R'}\right)\ln\frac{2}{\delta}} \quad (4.72)$$

从而得出推论式（4.69）。如果我们对图像 I 做 N 次融合预测，且所有的区域对序偶 (R, R') 融合的概率为 $P \geqslant 1 - (N\delta)$，则有 $|(\overline{R} - \overline{R'}) - E(\overline{R} - \overline{R'})| \leqslant b(R, R')$，$b(R, R')$ 为式（4.69）的右项。当 (R, R') 在理想图 I^* 中属于同一区时，有 $E(\overline{R} - \overline{R'}) = 0$，并且对两者进行区域预测得到的预测概率会比较高，其融合阈值为 $b(R, R')$。对阈值进行轻微的调高会有更好的视觉融合效果，选取 $b(R) = g\sqrt{\ln(|\mathcal{R}_{|R|}|/\delta)/(2Q|R|)}$，$\mathcal{R}_{|R|}$ 表示该 $|R|$ 个像素的子区域，当区域 R 和 R' 非空时，有

$$b(R, R') \leqslant \sqrt{b^2(R) + b^2(R')} < b(R) + b(R') \quad (4.73)$$

其中，$|\mathcal{R}_{|R|}| \leqslant (|R| + 1)^{\min(|R|, g)}$，该方法取中间值作为最后的融合阈值，即可得到最后的融合预测公式为

$$p(R, R') = \begin{cases} \text{true}, & \text{如果 } |\overline{R'} - \overline{R}| \leqslant \sqrt{b^2(R) + b^2(R')} \\ \text{false}, & \text{其他} \end{cases} \quad (4.74)$$

对于 RGB 彩色图像，其融合预测公式为

$$p(R, R') = \begin{cases} \text{true}, & |\overline{R'_a} - \overline{R_a}| \leqslant \sqrt{b^2(R) + b^2(R')}, \ a \in \{R, G, B\} \\ \text{false}, & \text{其他} \end{cases} \quad (4.75)$$

4.6.2 融合顺序

在基于融合的图像分割中，会出现以下 3 种错误。

（1）欠融合，也就是有些区域在 I^* 中体现为一个真实区域，但是在 I 中被分成了多个区域。

（2）过分割，有些分割后的区域包含了多个理想图像 I^* 中的真实区域。

（3）以上两种情况的混杂，也是最有可能发生的情况，即有些分割后的区域包含了多个真实区域，而有些则没有包含完整的真实区域。SRM 定义一个条件 A 来控制分割的错误率。

区域融合的顺序需要满足如下不变条件（条件 A）：

在进行两个真实区域的融合测试之前，要保证这两个真实区域的自身内部区域的融合已经完成，也就是保证融合前各个区域的真实性。

条件 A 并不假设已知 I^* 的分割，满足条件 A 可以控制区域融合的错误率，通常在融合的过程中只出现过分割。定义 $s^*(I)$ 为图像 I 的理想分割区域集合，$s(I)$ 为对图像 I 的分割区域集合。

定理 2 当序偶融合的概率为 $p \geq 1 - O(|I|\delta)$，并且满足条件 A 时，对 I 的分割是理想图像 I^* 的过分割，其中 $\forall O \in s^*(I), \exists R \in s(I): O \subseteq R$。

证明：从定性的角度，可以很明显地得到这个结论。由定理 1 推论可得，当任何源于理想图像 I^* 的相同区域的序偶概率为 $p > 1 - (N\delta) = 1 - O(|I|\delta)$ 时，其融合预测满足 $|\overline{R} - \overline{R'}| \leq b(R, R')$，而实际中选取 $\sqrt{b^2(R) + b^2(R')}$。满足条件 A 说明对 I^* 的真实区域进行融合，又由于 $b(R, R') \leq \sqrt{b^2(R) + b^2(R')}$，即放宽了融合阈值，从而在融合的过程中出现过融合的概率比其他错误情况高。其错误率上限为

$$\mathrm{Err}(s(I)) \leq O^*\left(g\sqrt{\frac{|s^*(I)|\ln|s^*(I)|}{(|I|Q)}}\left(\ln\left(\frac{1}{\delta}\right) + g\ln|I|\right)\right) \quad (4.76)$$

4.6.3 统计区域融合算法

1. 选择融合顺序

为了最大可能地满足条件 A，首先将图像分成 4 邻域的像素对，像素对集合为 S_I。将 S_I 中的像素对按照相似程度 $f(p, p')$ 的递增顺序进行排列，其中 p, p' 代表 S_I 中的一个像素对。对于 RGB 彩色图像，相似程度定义为

$$f(p, p') = \max_{a \in \{R, G, B\}} f_a(p, p') \quad (4.77)$$

其中，$f_a(p,p')$ 有以下两种形式。

（1）区域间像素值的相似程度。

$$f_a(p,p') = |p_a - p_a'| \tag{4.78}$$

式中，p_a 表示像素在 a（$a \in \{R,G,B\}$）通道的像素值。

（2）按照各个像素的梯度大小来定义像素的相似程度。

可以对原图采用 2.2.1 节梯度算子（如 Sobel 算子）计算梯度，然后对梯度图按照式（4.77）进行 $f_a(p,p')$ 计算。

将像素对集合 S_I 按照上面任何一种方式排序后，使用融合预测函数来对排序后的像素对进行遍历融合。

2. 进行融合预测

我们确保 $(p,p') \in S_I$，且 $R(p) \neq R(p')$，$R(p)$ 表示 p 像素点所属的区域。令 $\delta = 1/(6|I|^2)$，$Q \in [1,256]$，代入式（4.75）对 $P(R(p),R(p'))$ 进行融合预测。

图 4-12 是 SRM 分割的一个实例。从图 4-12（b）可以看出，统计区域融合算法将皮肤镜图像分割为数个子区域，每个子区域的内部像素都具有相近的纹理、颜色，对这些子区域进行合并后处理，即可得到最后的分割结果，如图 4-12（c）所示。

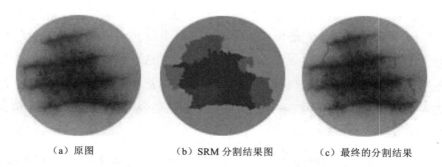

（a）原图　　　　（b）SRM 分割结果图　　　　（c）最终的分割结果

图 4-12　SRM 分割实例

4.7　水平集活动轮廓模型

Chan 和 Vese 于 2001 年提出了一种经典的基于区域的水平集活动轮廓模型——Chan-Vese 模型，它成功地克服了基于边界的水平集活动轮廓模型的缺点。Chan-Vese 模型是由 Mumford-Shah 模型演化而来的，被认为是简化的 Mumford-Shah 模型，因此在介绍 Chan-Vese 模型之前，先简要介绍一下 Mumford-Shah 模型。

4.7.1 Mumford-Shah 模型

Mumford-Shah 模型是一种去噪与分割相结合的图像处理模型。给定灰度图像 $I(x,y)$，Mumford-Shah 模型的目的是寻找一个分段光滑函数 u，用来近似灰度图像 I 的强度分布。令分段光滑函数 u 的区域分界线是 $C(s)$，则 Mumford-Shah 模型通过极小化一个能量泛函，同时求取分段光滑函数 u 及其分界线 C，而这个能量泛函被定义为

$$E_{\mathrm{MS}}(u,C) = \mu \cdot \mathrm{Length}(C) + \lambda \iint_{\Omega} |I(x,y)-u(x,y)|^2 \,\mathrm{d}x\mathrm{d}y \\ + \iint_{\Omega/C} |\nabla u(x,y)|^2 \,\mathrm{d}x\mathrm{d}y \quad (4.79)$$

式中，μ 和 λ 表示正的加权系数；Ω 表示图像域；∇ 表示空间梯度算子。

式（4.79）的第一项用来测量分界线 C 的长度，该项约束起到平滑分界线的作用；第二项用来测量函数 u 与图像 I 的相似程度，从而使得函数 u 更加逼近图像 I；第三项为正则项，用来分段地平滑函数 u。通过优化能量泛函 E_{MS}，可以同时获取两个结果：分段光滑函数 u 及其分界线 C，其中函数 u 可以被看作去除噪声后的图像，而曲线 C 则可以看作图像分割区域的边界线。因此，Mumford-Shah 模型是一种将去噪和分割相统一的图像处理模型。

4.7.2 Chan-Vese 模型

Chan-Vese 模型将 Mumford-Shah 模型中的分段光滑函数 u 替换为一个分段常值函数，即

$$\tilde{u}(x,y) = \begin{cases} c_1, & \text{if } (x,y) \in \Omega_1 \\ c_2, & \text{if } (x,y) \in \Omega_2 \end{cases} \quad (4.80)$$

式中，Ω_1 为曲线 C 围成的内部区域；Ω_2 表示曲线 C 的外部区域；c_1 和 c_2 表示依赖于曲线 C 的常数。

将分段常值函数 $\tilde{u}$ 带入式（4.79），并在此基础上添加一个面积项，可以得到如下 Chan-Vese 模型：

$$E_{\mathrm{CV}}(\tilde{u},C) = \mu \cdot \mathrm{Length}(C) + v \cdot \mathrm{Area}(\mathrm{inside}(C)) \\ + \lambda_1 \iint_{\Omega_1} |I(x,y)-c_1|^2 \,\mathrm{d}x\mathrm{d}y + \lambda_2 \iint_{\Omega_2} |I(x,y)-c_2|^2 \,\mathrm{d}x\mathrm{d}y \quad (4.81)$$

由于分段常值函数 $\tilde{u}$ 本身就是一个特殊的分段光滑函数，因此，由式（4.81）所定义的 Chan-Vese 模型去除了 Mumford-Shah 模型中的正则项。当 $v=0$，$\lambda_1 = \lambda_2 = \lambda$ 时，Chan-Vese 模型便是 Mumford-Shah 模型的特例。

Chan-Vese 模型将轮廓线 C 用一个水平集函数 ϕ 的零水平集来表示，并

规定在曲线 C 的内部，函数 ϕ 的取值为正；而在曲线 C 的外部，函数 ϕ 的取值为负。关于水平集的构建方法，本书不做过多介绍，感兴趣的读者可以参考相关书籍。令 H 表示 Heaviside 函数，δ_0 表示狄拉克 δ 函数（Dirac），这两个函数分别定义为

$$H(z)=\begin{cases}1, & \text{if } z\geq 0\\ 0, & \text{if } z<0\end{cases}, \quad \delta_0=\frac{\mathrm{d}H(z)}{\mathrm{d}z} \tag{4.82}$$

则

$$\begin{aligned}\text{Length}(\phi=0) &= \iint_\Omega \left|\nabla H\big(\phi(x,y)\big)\right|\mathrm{d}x\mathrm{d}y \\ &= \iint_\Omega \delta_0\big(\phi(x,y)\big)\left|\nabla\phi(x,y)\right|\mathrm{d}x\mathrm{d}y\end{aligned}$$

$$\text{Area}(\phi\geq 0) = \iint_\Omega H\big(\phi(x,y)\big)\mathrm{d}x\mathrm{d}y$$

$$\iint_{\Omega_1}\left|I(x,y)-c_1\right|^2\mathrm{d}x\mathrm{d}y = \iint_\Omega \left|I(x,y)-c_1\right|^2 H\big(\phi(x,y)\big)\mathrm{d}x\mathrm{d}y$$

$$\iint_{\Omega_2}\left|I(x,y)-c_2\right|^2\mathrm{d}x\mathrm{d}y = \iint_\Omega \left|I(x,y)-c_2\right|^2 \big[1-H\big(\phi(x,y)\big)\big]\mathrm{d}x\mathrm{d}y$$

则式（4.81）可以改写成一个与水平集函数 ϕ 有关的能量泛函为

$$\begin{aligned}E_{\text{cv}}(c_1,c_2,\phi) = &\,\mu\iint_\Omega \delta_0\big(\phi(x,y)\big)\left|\nabla\phi(x,y)\right|\mathrm{d}x\mathrm{d}y \\ &+v\iint_\Omega H\big(\phi(x,y)\big)\mathrm{d}x\mathrm{d}y \\ &+\lambda_1\iint_\Omega \left|I(x,y)-c_1\right|^2 H\big(\phi(x,y)\big)\mathrm{d}x\mathrm{d}y \\ &+\lambda_2\iint_\Omega \left|I(x,y)-c_2\right|^2 \big[1-H\big(\phi(x,y)\big)\big]\mathrm{d}x\mathrm{d}y\end{aligned} \tag{4.83}$$

关于常数 c_1 和 c_2 的值可以通过极小化能量泛函 E_{cv} 来求取，即固定水平集函数 ϕ 的值，c_1 和 c_2 分别极小化能量泛函 E_{cv}，由此，可以得到如下计算常数 c_1 和 c_2 的公式为

$$c_1(\phi)=\frac{\iint_\Omega I(x,y)H\big(\phi(x,y)\big)\mathrm{d}x\mathrm{d}y}{\iint_\Omega H\big(\phi(x,y)\big)\mathrm{d}x\mathrm{d}y},\quad c_2(\phi)=\frac{\iint_\Omega I(x,y)\big[1-H\big(\phi(x,y)\big)\big]\mathrm{d}x\mathrm{d}y}{\iint_\Omega \big[1-H\big(\phi(x,y)\big)\big]\mathrm{d}x\mathrm{d}y} \tag{4.84}$$

从式（4.84）可以看出，常数 c_1 和 c_2 分别表示轮廓线 C 的内部和外部的图像灰度均值。

由于 Heaviside 函数 H 和 Dirac 函数 δ_0 是不规则函数，所以无法由能量泛函 E_{cv} 的表达式（4.83）推导出关于水平集函数 ϕ 的 Euler-Lagrange 方程。因而 Chan 和 Vese 选取了一个稍微规则的函数 H_ε 来逼近 Heaviside 函数 H，并根据近似的 Heaviside 函数 H_ε 计算出对应的近似 Dirac 函数 δ_ε。下面分别给出函数 H_ε 和 δ_ε 的表达式，即

$$H_\varepsilon(z) = \frac{1}{2}\left[1 + \frac{2}{\pi}\arctan\left(\frac{z}{\varepsilon}\right)\right], \quad \delta_\varepsilon(z) = \frac{dH_\varepsilon(z)}{dz} = \frac{1}{\pi}\frac{\varepsilon}{\varepsilon^2 + z^2} \quad (4.85)$$

式中，ε 表示近似函数 H_ε 和 δ_ε 的参数。

当 ε 的值趋近于 0 时，函数 H_ε 和 δ_ε 逼近于 Heaviside 函数 H 和 Dirac 函数 δ_0。

固定 c_1 和 c_2 的值，通过极小化能量泛函 E_{cv}，可以推导出一个关于水平集函数 ϕ 的 Euler-Lagrange 方程。给水平集函数 ϕ 引入一个时间变量 t，将其看作一个关于时间变量 t 的函数，即 $\phi(x,y,t)$。然后，根据水平集函数 ϕ 的 Euler-Lagrange 方程可以写出水平集方程为

$$\frac{\partial \phi}{\partial t} = \delta_\varepsilon(\phi)\left[\mu \text{div}\left(\frac{\nabla \phi}{|\nabla \phi|}\right) - v - \lambda_1(I - c_1)^2 + \lambda_2(I - c_2)^2\right] \quad (4.86)$$

4.7.3 Chan-Vese 模型的数值实现

将空间变量 x、y 和时间变量 t 进行离散化，令 h 表示空间步长，Δt 表示时间步长，则可以将水平集函数 $\phi(x,y,t)$ 及图像函数 $I(x,y)$ 分别表示成离散的形式 $\phi_{ij}^n = \phi(ih, jh, n\Delta t)$ 和 $I_{ij} = I(ih, jh)$。Chan 和 Vese 将水平集方程式（4.86）转化为如下数值实现形式，即

$$\begin{aligned}\frac{\phi_{ij}^{n+1} - \phi_{ij}^n}{\Delta t} = \delta_\varepsilon(\phi_{ij}^n)[&\mu D_{ij}^{-x}\left(\frac{D_{ij}^{+x}\phi_{ij}^{n+1}}{\sqrt{(D_{ij}^{+x}\phi_{ij}^n)^2 + (D_{ij}^{0y})^2}}\right) \\ &+ \mu D_{ij}^{-y}\left(\frac{D_{ij}^{+y}\phi_{ij}^{n+1}}{\sqrt{(D_{ij}^{+y}\phi_{ij}^n)^2 + (D_{ij}^{0x})^2}}\right) \\ &- v - \lambda_1(I_{ij} - c_1(\phi^n))^2 + \lambda_2(I_{ij} - c_2(\phi^n))^2]\end{aligned} \quad (4.87)$$

其中，D_{ij}^{-x}、D_{ij}^{+x}、D_{ij}^{0x}、D_{ij}^{-y}、D_{ij}^{+y}、D_{ij}^{0y} 由式（4.88）给出，即

$$\begin{aligned}D_{ij}^{-x} &= \frac{\phi_{ij}^n - \phi_{i-1,j}^n}{h}, \quad D_{ij}^{+x} = \frac{\phi_{i+1,j}^n - \phi_{ij}^n}{h} \\ D_{ij}^{-y} &= \frac{\phi_{ij}^n - \phi_{i,j-1}^n}{h}, \quad D_{ij}^{+y} = \frac{\phi_{i,j+1}^n - \phi_{ij}^n}{h} \\ D_{ij}^{0x} &= \frac{\phi_{i+1,j}^n - \phi_{i-1,j}^n}{2h}, \quad D_{ij}^{0y} = \frac{\phi_{i,j+1}^n - \phi_{i,j-1}^n}{2h}\end{aligned} \quad (4.88)$$

在算法实现中，水平集函数 ϕ 的更新公式（4.87）与常数 c_1 和 c_2 的估计公式（4.84）交替运算。在每次更新水平集函数 ϕ 后，须将水平集函数重新初始化为符号距离函数，以保证数值计算的稳定性。因此，Chan-Vese 模型算法的主要步骤如下。

步骤 1：针对初始轮廓线构造符号距离函数，以此初始化 ϕ^0，$n=0$。

步骤 2：由式（4.84）计算 $c_1(\phi^n)$ 和 $c_2(\phi^n)$。

步骤 3：根据迭代公式（4.87）计算 ϕ^{n+1}。

步骤 4：用符号距离函数重新初始化 ϕ。

步骤 5：检查是否收敛，若否，$n=n+1$，转到步骤 2。

图 4-13 给出了用 Chan-Vese 模型与大津阈值的对比实例。图 4-13（b）和图 4-13（c）是分别采用大津阈值和 Chan-Vese 模型对原图 4-13（a）进行分割的结果。图 4-13（d）是对原图 4-13（a）加入噪声的图像。图 4-13（e）和图 4-13（f）是分别采用大津阈值和 Chan-Vese 模型对图 4-13（d）进行分割的结果。从图 4-13 可以看出，大津阈值受噪声影响非常严重，而 Chan-Vese 方法能够克服噪声的影响而收敛到正确的目标边界。

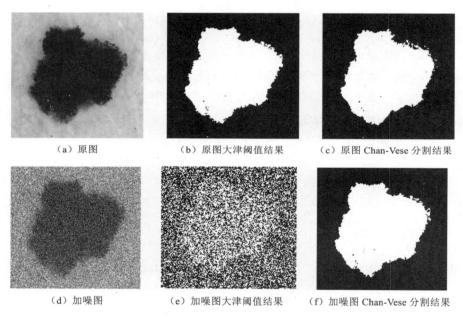

(a) 原图　　　　　(b) 原图大津阈值结果　　　　(c) 原图 Chan-Vese 分割结果

(d) 加噪图　　　　(e) 加噪图大津阈值结果　　　(f) 加噪图 Chan-Vese 分割结果

图 4-13　Chan-Vese 模型与大津阈值的对比实例

4.8　分割实例对比

前面 7 节内容讲述了皮肤镜图像领域常用的分割方法，图 4-14 显示了这 7 种分割方法对皮肤镜图像分割的一组实例对比，其中的黑色线为自动方法分割的结果。从图中可以看到，不同的分割方法具有不同的分割效果。图中第一个皮损目标颜色明显，纹理比较均匀，边界比较清晰，对于这类皮损，几种方法都能有很好的分割结果。第二个和第三个皮损，边界处色素不平均、边缘不规则、皮损与背景的界线模糊不清，SGNN 和 Mean Shift 方法获得了相对较好的分割结果。第四个皮损是低对比度的图像，皮损相对来说变化小，但是其与皮肤对比度低，几种方法相比，Chan-Vese 方法获得了更准确的分割结果。第五个皮损内部颜色多样，SGNN 方法获得了更满意的分割结果。

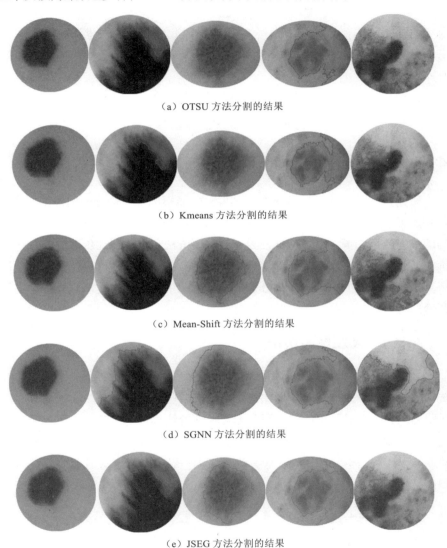

(a) OTSU 方法分割的结果

(b) Kmeans 方法分割的结果

(c) Mean-Shift 方法分割的结果

(d) SGNN 方法分割的结果

(e) JSEG 方法分割的结果

图 4-14 一组分割实例

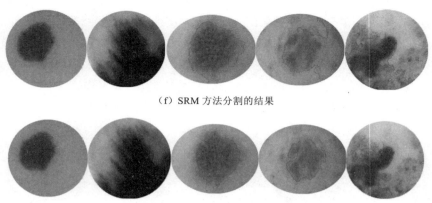

（f）SRM 方法分割的结果

（g）Chan-Vese 方法分割的结果

图 4-14　一组分割实例（续）

4.9　图像分割的性能评价

采用定量的方式计算分割结果图像的性能指标来评价分割的效果，具有客观、可重复等优点，是分割评价研究的重点和热点。根据是否需要理想分割的参考结果图像，可进一步分为无监督评价法和有监督评价法。无监督评价法通过分割结果图像的质量参数来评价相应的分割算法。有监督评价法是将算法分割得到的图像与理想分割的参考图像进行对比，实现对分割算法的评价。

4.9.1　无监督评价法

无监督评价法通过直接计算结果图像的特征参数进行评价，无监督评价法的优势就在于无须依赖参考图像，由于在某些应用中参考图像的获取是费时费力的，甚至是不可能的，因此无监督评价法具有更广泛的应用范围，并适用于在线实时系统。结果图像的特征参数就是评价的准则，也称为指标或测度。无监督评价法的指标一般分为区域内一致性指标、区域间差异性指标和语义性指标 3 类。

1．区域内一致性指标

好的分割，其分割的区域内部特征具有均匀性和一致性。区域内一致性指标主要基于图像的灰度、颜色、纹理和熵等信息。

例如，可以通过计算最大对比度评价一个区域的均匀性。对于一幅图像

I，假设分割后的二值图中有 $R_1, R_2, \cdots, R_M$ 共 M 个区域，则第 k 个区域 R_k 的一致性 z_{ebk} 可以表示为

$$z_{\text{ebk}} = \frac{1}{N_k} \sum_{\substack{i \in R_k \\ j \in W(i) \cap R_k}} \max(f_i - f_j) \qquad (4.89)$$

式中，N_k 是区域 R_k 的像素总数；i 是 R_k 中的像素；f_i 是像素 i 的灰度值；$W(i)$ 是像素 i 的邻域；j 是像素 i 包含在 R_k 中的邻域像素。

分割后图像一致性的评价指标可以用各个区域 z_{ebk} 的加权平均来表示，即

$$Z_{\text{eb}} = \frac{1}{N} \sum_{k=1}^{M} N_k z_{\text{ebk}} \qquad (4.90)$$

式中，N 是图像 I 的像素总数。

对于分割后的一幅图像，Z_{eb} 值越小，区域内一致性越好。

再如，区域内一致性与该区域的方差呈反比例关系。零方差意味着特征区域内所有像素的灰度值或其他像素特征（颜色、纹理等）相同。相反，方差值越大，特征区域的一致性越差。对于一个具有相同特性的区域 R_k，每一个像素 i 对应的特征值记为 f_i，则有

$$\overline{f_k} = \frac{1}{N_k} \sum_{i \in R_k} f_i \qquad (4.91)$$

式中，N_k 是区域 R_k 的像素总数。

区域 R_k 的方差 σ_k^2 为

$$\sigma_k^2 = \frac{1}{N_k} \sum_{i \in R_k} (f_i - \overline{f_k})^2 \qquad (4.92)$$

则对于评价图像 I 的一致性的指标，定义为

$$U_I = 1 - (\sum_{R_k \in I} w_k \delta_k^2 / E) \qquad (4.93)$$

式中，w_k 是权值；E 是归一化因数，即

$$E = \left(\sum_{R_k \in I} w_k\right) \cdot \frac{(\max_{i \in R_k} f_i - \min_{i \in R_k} f_i)^2}{2} \qquad (4.94)$$

可以用 R_k 的像素总数代替权值，即 $w_k = N_k$，并将式（6.91）、式（6.92）和式（6.94）代入式（6.93），可得

$$U_I = 1 - \frac{2}{N} \sum_{R_k \in I} \frac{\sum_{i \in R_k} \left(f_i - \frac{1}{N_k} \sum_{i \in R_k} f_i\right)^2}{\left(\max_{i \in R_k} f_i - \min_{i \in R_k} f_i\right)^2} \qquad (4.95)$$

对于一个已分割的图像，U_I 越大，区域内一致性越好。

2．区域间差异性指标

好的分割，其分割的相邻区域间的特征具有显著的差异。区域间差异性指标主要基于灰度、颜色、重心距离等信息。对于具有 M 个区域的图像 I，可以通过计算两区域间的不一致性获得区域间的差异性，即

$$\text{DIR} = \frac{1}{C_M^2} \frac{\sum_{i=1}^{M-1}\sum_{j=i+1}^{M}\left|f(R_i)-f(R_j)\right|}{\max\limits_{(x,y)\in I}(g(x,y))-\min\limits_{i\in I}(g(x,y))} \tag{4.96}$$

式中，C_M^2 是区域的组合数；(x,y) 是像素点坐标；$g(x,y)$ 是灰度特征函数；$f(R_i)$ 是区域特征函数，一般为区域平均灰度。

3．语义性指标

语义性指标主要基于分割目标的形状和边界平滑度等信息。例如，目标的紧凑度和圆度指标定义为

$$\text{compactness} = \frac{p^2}{S} \tag{4.97}$$

$$\text{circularity} = \frac{4\pi S}{p^2} \tag{4.98}$$

式中，S 是分割目标的面积；p 是该目标的周长。

分割的无监督评价法除了单独使用上述 3 类指标外，还会对它们进行组合，例如，区域内和区域间指标进行相加、相减、相除等运算，就可以得到新的评价指标。

4.9.2 有监督评价法

有监督评价法通过比较算法分割图像与参考分割图像来达到评价的目的，参考分割图像又称为真值图像（ground truth）或金标准（golden standard），由手动分割而来。由于有真值图像作为参考，有监督评价法得到的评价结果更加准确，也是使用最多的评价方法。有监督评价的指标主要基于算法分割图像与参考图像两者的相似度或差异度，相似度越大或差异度越小，分割算法越好。

对于真值图像和算法分割图像，如图 4-15 所示，真阳性（True Positive，TP）是指分割算法将实际目标正确地分割为目标；假阴性（False Negative，FN）是分割算法将实际目标错误地分割为背景；假阳性（False Positive，FP）

是分割算法将实际背景错误地分割成目标；真阴性（True Negative，TN）是分割算法将实际背景正确地分割为背景。几个常用的有监督评价指标如下。

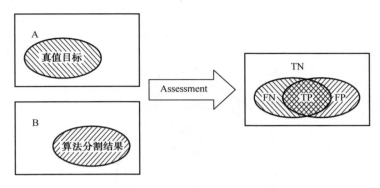

图 4-15 真阳性、假阴性、假阳性和真阴性的定义

（1）灵敏度（Sensitivity）又称为查全率（Recall）或真阳性率，定义为

$$\text{Sensitivity} = \frac{TP}{TP + FN} \qquad (4.99)$$

此值越高，表明皮损区域被错误分割为正常皮肤的程度越低。

（2）特异度（Specificity）又称为真阴性率，定义为

$$\text{Specificity} = \frac{TN}{TN + FP} \qquad (4.100)$$

此值越高，表明正常皮肤被错误分割为皮损区域的程度越低。

（3）准确度（Precision）又称为精度、正确率（Accuracy），定义为

$$\text{Precision} = \frac{TP}{TP + FP} \qquad (4.101)$$

此值越高，表明分割出的目标皮损区中确定为皮损的比例越高。

（4）异或（XOR）定义为

$$\text{XOR} = \frac{FP + FN}{TP + FN} \qquad (4.102)$$

（5）错误率（Error probability）定义为

$$\text{Error\_probability} = \frac{FP + FN}{TP + FP + TN + FN} \qquad (4.103)$$

（6）Jaccard 指数又称为 Jaccard 相似性系数，定义为

$$J = \frac{TP}{TP + FP + FN} \qquad (4.104)$$

Jaccard 指数用来测量样本集之间的相似度，此值越大，说明两个样本集之间相似度越高。

（7）Hausdorff 距离。如图 4-16 所示，设 A 为手动分割目标集合，B 为算法分割目标集合，令 borderA 和 borderB 分别是 A 和 B 的边界，则从 A 到 B 的单向 Hausdorff 距离为

$$h(A,B) = \max_{a \in \text{borderA}} \min_{b \in \text{borderB}} \|a-b\| \qquad (4.105)$$

式中，$\|\cdot\|$ 是两点间的欧氏距离。

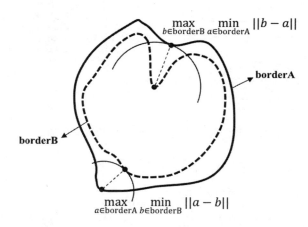

图 4-16　Hausdorff 距离示意图

双向 Hausdorff 距离 $H(A,B)$ 是单向距离 $h(A,B)$ 和 $h(B,A)$ 两者中的较大者，它度量两个点集间的最大不匹配程度，即

$$H(A,B) = \max[h(A,B),\ h(B,A)] \qquad (4.106)$$

Hausdorff 距离是描述两组点集之间相似程度的一种量度，它是两个点集之间距离的一种定义形式。双向 Hausdorff 距离 $H(A,B)$ 是 Hausdorff 距离的最基本形式，该值越小，说明分割效果越好。

以上 7 个分割指标均为衡量分割算法优劣的常用指标，其中灵敏度、特异度、准确度和 Jaccard 指数等 4 个指标，它们的值越大说明分割效果越好，而对于异或、错误率和 Hausdorff 距离等 3 个指标，则它们的值越小越好。

在实际应用中，当用评价指标去评价分割效果时，其评价指标的计算都应该是对多个数据（数据集）的统计结果，通常包括均值和方差。均值代表了一个指标的平均量，而方差则代表了这一指标的分散程度，值越小越好。均值和方差共同反映了一个指标的好坏，例如，对于灵敏度指标，即使它的平均值偏低，而如果它的方差偏大的话，则说明这个分割算法整体性能是不够稳定的。

本章小结

图像分割是图像分析和模式识别的首要内容，它是图像分析和模式识别系统的重要组成部分，并决定图像的最终分析质量和模式识别的判别结果。本章介绍了大津阈值、K-均值、Mean-Shift、SGNN、JSEG、SRM、Chan-Vese模型等分割方法，这些方法都是皮肤镜图像中常用的分割方法。本章还对几种方法进行了分割实例对比，针对不同的皮损特点，几种方法表现出了不同的分割效果。本章最后介绍了图像分割算法的性能评价指标，用来评价各种分割方法的优劣。

本章参考文献

[1] 谢凤英，秦世引，姜志国，等. 基于改进 SGNN 的皮肤镜黑色素细胞瘤图像分割[J]. 中国体视学与图像分析，2008, 13(4): 246-249.

[2] 徐斌，谢凤英，姜志国，等. 一种复杂黑素瘤皮肤镜图像分割新方法[C]. 第十二届中国体视学与图像分析学术会议论文集，2008.

[3] 谢凤英，秦世引，姜志国，等. 皮肤镜黑素细胞瘤图像自适应聚类的进化寻优[J]. 计算机辅助设计与图形学学报，2009 (12): 1745-1752.

[4] 吴叶芬. 皮肤镜图像自适应分割算法研究[D]. 北京：北京航空航天大学，2015.

[5] 李阳. 皮肤镜图像的多模式分类算法研究[D]. 北京：北京航空航天大学，2016.

[6] 韩超. 典型皮肤肿瘤目标边界提取算法的研究[D]. 北京：北京航空航天大学，2012.

[7] 何郢丁. 皮肤镜图像的纹理分析与应用[D]. 北京：北京航空航天大学，2013.

[8] 谢凤英. 基于计算智能的皮肤镜黑素细胞瘤图像分割与识别[D]. 北京：北京航空航天大学，2009.

[9] 谢凤英，赵丹培，李露，等. 数字图像处理及应用[M]. 北京：电子工业出版社，2016.

[10] 李俊. 基于曲线演化的图像分割方法及应用研究[D]. 上海：上海交通大学，2001.

[11] 朱国普. 基于活动轮廓模型的图像分割[D]. 哈尔滨：哈尔滨工业大

学,2007.

[12] Han C, Xie F, Meng R, et al. Segmentation of dermoscopy images based on mean shift and genetic algorithm [J]. Chinese Journal of Stereology and Image Analysis, 2011,16(4) : 330-335.

[13] He Y, Xie F. Automatic skin lesion segmentation based on texture analysis and supervised learning[C]. Asian Conference on Computer Vision. Springer, Berlin, Heidelberg, 2012: 330-341.

[14] Wu Y, Xie F, Jiang Z, et al. Automatic skin lesion segmentation based on supervised learning[C]. 2013 Seventh International Conference on Image and Graphics. IEEE, 2013: 164-169.

[15] Xie F, Bovik A C. Automatic segmentation of dermoscopy images using self-generating neural networks seeded by genetic algorithm[J]. Pattern Recognition, 2013, 46(3): 1012-1019.

[16] Fan H, Xie F, Li Y, et al. Automatic segmentation of dermoscopy images using saliency combined with Otsu threshold[J]. Computers in biology and medicine, 2017, 85: 75-85.

[17] Xie F, Wu Y, Li Y, et al. Adaptive segmentation based on multi-classification model for dermoscopy images[J]. Frontiers of Computer Science, 2015, 9(5): 720-728.

[18] Chan T F, Sandberg B Y, Vese L A. Active Contours without Edges for Vector-Valued Images[J]. Journal of Visual Communication and Image Representation, 2000,11(2):130-141.

[19] Celebi M E, Aslandogan Y A, Stoecker W V, et al. Unsupervised Border Detection in Dermoscopy Images[J]. Skin Research and Technology, 2007, 13(4):454-462.

[20] Yining D, Manjunath B S. Unsupervised Segmentation of Color-Texture Regions In Images And Video[J]. Pattern Analysis and Machine Intelligence, IEEE Transactions on, 2001,23(8):800-810.

[21] Nock R, Nielsen F. Statistical Region Merging [J]. IEEE Trans. Pattern Analysis and Machine Intelligence, 2004, 26(11): 1452-1458.

[22] Celebi M E, Kingravi H A, Iyatomi H, et al. Border Detection in Dermoscopy Images Using Statistical Region Merging[J]. Skin Research and Technology, 2008,14(3):347-353.

[23] Celebi M E, Kingravi H A, Iyatomi H, et al. Fast and accurate border detection in dermoscopy images using statistical region merging[C]. Medical Imaging. International Society for Optics and Photonics, 2007:65123V-65123V-10.

[24] Celebi M E, Wen Q, Hwang S, et al. Lesion Border Detection in Dermoscopy Images using Ensembles of Thresholding Methods [J]. Skin Research and Technology, 2013, 19(1): e252–e258.

[25] Zhou H, Schaefer G, Sadka A, et al. Anisotropic Mean Shift Based Fuzzy C-Means Segmentation of Dermoscopy Images [J]. IEEE Journal of Selected Topics in Signal Processing, 2009, 3(1): 26-34.

[26] Abbas Q, Celebi M E, Garcia I F. Skin Tumor Area Extraction using an Improved Dynamic Programming Approach [J]. Skin Research and Technology, 2012, 18(2): 133–142.

[27] Zhou H, Li X, Schaefer G, et al. Mean Shift Based Gradient Vector Flow for Image Segmentation [J]. Computer Vision and Image Understanding, 2013, 117(9): 1004–1016.

[28] Silveira M, Nascimento J C, Marques J S, et al. Comparison of segmentation methods for melanoma diagnosis in dermoscopy images[J]. Selected Topics in Signal Processing, IEEE Journal of, 2009,3(1):35-45.

[29] Melli R, Grana C, Cucchiara R. Comparison of color clustering algorithms for segmentation of dermatological images[C]. Medical Imaging. International Society for Optics and Photonics, 2006:61443S-61443S-9.

第 5 章
常用的皮肤镜图像特征描述方法

图像经过分割后会得到若干不同区域及各区域的边界,通常把感兴趣部分称为目标(物体),其余部分称为背景。为了让计算机有效地识别这些目标,必须对各区域、边界的属性和相互关系用更加简洁明确的数值和符号进行表示,这样在保留原图像或图像区域重要信息的同时,也减少了描述区域的数据量。这些从原始图像中产生的数值、符号或者图形称为图像特征,它们反映了原图像的重要信息和主要特性。我们把这些表征图像特征的一系列符号称为描述子,它们具有如下特点。

(1)唯一性:每个目标必须有唯一的表示,否则无法区分。
(2)完整性:描述是明确的,没有歧义的。
(3)几何变换不变性:描述应具有平移、旋转、尺度等几何变换不变性。
(4)敏感性:描述结果应该具有对相似目标加以区别的能力。
(5)抽象性:从分割区域、边界中抽取反映目标特性的本质特征,不容易因噪声等原因而发生变化。

为了能让计算机系统认识图像,人们首先必须寻找出算法以获得图像的特征,分析图像的特征,然后将其特征用数学的方法表示出来并使计算机也能识别这些特征。这样,计算机才能具有认识或者识别图像的能力。本章介绍皮肤镜图像中常用的一些特征描述方法,包括形状、颜色和纹理等,以用于后续的皮损目标分类识别。

5.1 形状描述

人的视觉系统对于景物的最初认识是物体的形状,在人的视觉感知、识别和理解中,形状是一个重要参数。不变矩方法是最常用的形状描述方法,本节先介绍图像矩,在此基础上再介绍纵横比、不对称率、椭圆圆度、饱和度、分散度和偏心率等六种形状描述方法。

5.1.1 图像矩

矩在统计学中用于表征随机量的分布，而在力学中用于表征物质的空间分布。若把二值图或灰度图看作二维密度分布函数，就可把矩特征应用于图像分析中。这样，矩就可以用于描述一幅图像的特征，并提取为与统计学和力学中相似的特征。矩特征对于图像的平移、旋转、尺度等几何变换具有不变的特性，因此，可以用来描述图像中的区域特性。

1．矩的定义

二维矩不变理论是 1962 年由美籍华人学者胡名桂教授提出的。对于 $M \times N$ 的数字图像 $f(x,y)$，其 $(p+q)$ 阶矩定义为

$$m_{pq} = \sum_{x=0}^{M-1} \sum_{y=0}^{N-1} x^p y^q f(x,y), \quad p,q = 0,1,2\cdots \qquad (5.1)$$

将上述矩特征量进行位置归一化，得图像 $f(x,y)$ 的中心矩为

$$\mu_{pq} = \sum_{x=0}^{M-1} \sum_{y=0}^{N-1} (x-\bar{x})^p (y-\bar{y})^q f(x,y) \qquad (5.2)$$

式中，$\bar{x} = \dfrac{m_{10}}{m_{00}}, \bar{y} = \dfrac{m_{01}}{m_{00}}$。而

$$m_{00} = \sum_{x=0}^{M-1} \sum_{y=0}^{N-1} f(x,y) \qquad (5.3)$$

$$m_{01} = \sum_{x=0}^{M-1} \sum_{y=0}^{N-1} y f(x,y) \qquad (5.4)$$

$$m_{10} = \sum_{x=0}^{M-1} \sum_{y=0}^{N-1} x f(x,y) \qquad (5.5)$$

如果将图像 $f(x,y)$ 的灰度看作"质量"，则上述的 $(\bar{x},\bar{y})$ 即为图像的质心点。

对于一个经分割的二值图像，若其目标物体取值为 1，背景为 0，即函数只反映了物体的形状而忽略其内部的灰度级细节，则式（5.1）可写成

$$m_{pq} = \sum_x \sum_y x^p y^q \qquad (5.6)$$

因此，m_{00} 是该区域的像素点数，即目标区域的面积，$\bar{x} = \dfrac{m_{10}}{m_{00}}, \bar{y} = \dfrac{m_{01}}{m_{00}}$ 即为目标区域的形心。这样，离散图像的中心矩为

$$\mu_{pq} = \sum_x \sum_y (x-\bar{x})^p (y-\bar{y})^q \qquad (5.7)$$

2. 不变矩

定义归一化的中心矩为

$$\eta_{pq} = \frac{\mu_{pq}}{(\mu_{00})^\gamma}, \quad \gamma = \left(\frac{p+q}{2} + 1\right) \quad (5.8)$$

利用归一化的中心矩，可以获得对平移、缩放、旋转都不敏感的 7 个不变矩，定义如下。

$$\phi_1 = \eta_{20} + \eta_{02} \quad (5.9)$$

$$\phi_2 = (\eta_{20} - \eta_{02})^2 + 4\eta_{11}^2 \quad (5.10)$$

$$\phi_3 = (\eta_{30} - 3\eta_{12})^2 + (3\eta_{21} - \eta_{03})^2 \quad (5.11)$$

$$\phi_4 = (\eta_{30} + \eta_{12})^2 + (\eta_{21} + \eta_{03})^2 \quad (5.12)$$

$$\phi_5 = (\eta_{30} - 3\eta_{12})(\eta_{30} + \eta_{12})[(\eta_{30} + \eta_{12})^2 - 3(\eta_{21} + \eta_{03})^2] \\ + (3\eta_{21} - \eta_{03})(\eta_{21} + \eta_{03})[3(\eta_{30} + \eta_{12})^2 - (\eta_{21} + \eta_{03})^2] \quad (5.13)$$

$$\phi_6 = (\eta_{20} - \eta_{02})[(\eta_{30} + \eta_{12})^2 - (\eta_{21} + \eta_{03})^2] + 4\eta_{11}(\eta_{30} + \eta_{12})(\eta_{21} + \eta_{03}) \quad (5.14)$$

$$\phi_7 = (3\eta_{21} - \eta_{03})(\eta_{30} + \eta_{12})[(\eta_{30} + \eta_{12})^2 - 3(\eta_{21} + \eta_{03})^2] \\ + (3\eta_{12} - \eta_{30})(\eta_{21} + \eta_{03})[3(\eta_{30} + \eta_{12})^2 - (\eta_{21} + \eta_{03})^2] \quad (5.15)$$

由于图像经采样和量化后会导致图像灰度层次和离散化图像的边缘表示不精确，因此图像离散化会对图像矩特征的提取产生影响，特别是对高阶矩特征的计算影响较大。这是因为高阶矩主要描述图像的细节，如扭曲度、峰态等；而低阶矩主要描述图像的整体特征，如面积、主轴、方向角等，相对而言其影响较小。

3. 低阶矩

物体的二阶矩、一阶矩和零阶矩通常称为低阶矩，这些低阶矩有着明确的物理和数学意义。

（1）零阶矩

$f(x,y)$ 的零阶矩的定义为

$$m_{00} = \sum_x \sum_y f(x,y) \quad (5.16)$$

它表示图像的总质量，当图像为二值图时，零阶矩表示该目标区域的总面积。

（2）一阶矩

两个一阶矩 $\{m_{10}, m_{01}\}$ 用来确定目标的质心。质心的坐标 $(\bar{x}, \bar{y})$ 由下式计算，即

$$\overline{x} = \frac{m_{10}}{m_{00}}, \quad \overline{y} = \frac{m_{01}}{m_{00}} \qquad (5.17)$$

当图像为二值图时，$(\overline{x}, \overline{y})$ 为目标区域的形心。

（3）二阶矩

二阶矩 $\{m_{02}, m_{11}, m_{20}\}$ 又称为惯性矩，表征图像的大小和方向。事实上，如果仅考虑阶次为 2 的矩集，则原始图像完全等同于一个具有确定的大小、方向和离心率，以图像质心为中心的椭圆，该图像椭圆的参数如下。

长半轴 L_{long}：

$$L_{\text{long}} = \sqrt{2(\mu_{02} + \mu_{20} + (4\mu_{11}^2 + (\mu_{02} - \mu_{20})^2)^{1/2})} \qquad (5.18)$$

短半轴 L_{short}：

$$L_{\text{short}} = \sqrt{2(\mu_{02} + \mu_{20} - (4\mu_{11}^2 + (\mu_{02} - \mu_{20})^2)^{1/2})} \qquad (5.19)$$

椭圆倾角 θ：

$$\theta = \frac{1}{2}\tan^{-1}\left(\frac{2\mu_{11}}{\mu_{20} - \mu_{02}}\right) \qquad (5.20)$$

5.1.2　常用的形状描述

根据良性皮损和恶性皮损形状上的差别，有以下几种常用的皮损目标形状特征描述方法。

1．纵横比

目标区域的纵横比（Aspect Ratio）为

$$\text{Aspect\_Ratio} = \frac{L_{\text{short}}}{L_{\text{long}}} \qquad (5.21)$$

式中，L_{long} 为式（5.18）定义的椭圆长轴长度；L_{short} 为式（5.19）定义的椭圆短轴长度。

2．不对称率

计算不对称率时，首先将目标区域（图 5-1（a））的二值图以形心 $(\overline{x}, \overline{y})$ 为原点，逆时针旋转 θ，如图 5-1（b）所示。其中，$(\overline{x}, \overline{y})$ 由式（5.17）定义，θ 由式（5.20）定义。然后分别以穿过目标形心的横、纵轴为对称轴，假想沿对称轴对折图像，计算目标区域的重叠面积，相对于纵向对称轴的重叠区域的面积记为 A_x，相对于横向对称轴的重叠区域的面积记为 A_y，如图 5-1（c）和图 5-1（d）所示。其中，灰色表示相对于对称轴重叠的区域。

（a）目标区域　　　　　　　　　　　（b）旋转校正后的二值图

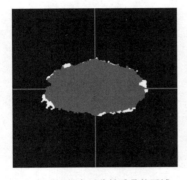
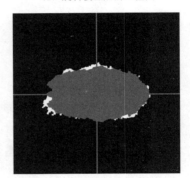

（c）相对于纵向对称轴重叠的区域　　　（d）相对于横向对称轴重叠的区域

图 5-1　以形心为原点计算不对称率示意图

二值图的总面积 A 可由式（5.16）得到，则不对称率（Asymmetry Rate）我们用两种形式定义，即

$$A_1 = \frac{\min(A_x, A_y)}{A} \times 100\% \qquad (5.22)$$

$$A_2 = \frac{A_x + A_y}{A} \times 100\% \qquad (5.23)$$

3．椭圆圆度

首先，在原二值图上画一个椭圆，如图 5-2 所示。其中，椭圆圆心为式（5.17）定义的二值图形心 $(\bar{x}, \bar{y})$，椭圆长、短轴的定义见式（5.18）和式（5.19），椭圆的旋转角 θ 由式（5.20）计算得到。然后计算在椭圆内部黑色区域的面积和椭圆外部白色区域的面积，两者之和记为 $A_{\text{difference}}$。记椭圆的面积为 A_{ellipse}，则椭圆圆度（Ellipseness）定义为

$$\text{Ellipseness} = 1 - \frac{A_{\text{difference}}}{A_{\text{ellipse}}} \qquad (5.24)$$

图 5-2　由二阶矩确定的目标区域椭圆

4．饱和度

以上的纵横比、不对称率和椭圆圆度 3 个参数是在图像矩的基础上计算得到的，而饱和度则以凸包（Convex Hull）的概念为基础。

给定平面上的一个点集，包含点集中所有点的最小面积的凸多边形为这个点集的凸包。一个目标区域的凸包即为包含该目标区域的最小面积凸多边形，如图 5-3 所示。令凸包区域的面积为 A_{convex_hull}，目标区域实际面积为 A，则饱和度（Solidity）定义为

$$\text{Solidity} = \frac{A}{A_{convex\_hull}} \quad (5.25)$$

图 5-3　目标区域的凸包

5．分散度

分散度是一种面积形状的测度。设图像子集 S 的面积为 A，即有 A 个像素点数，周长为 P，定义 P^2/A 为 S 的"分散度"。这个测度符合人的认知，相同面积的几何形状物体，其周长越小，越紧凑。对圆形 S 来说，$P^2/A = 4\pi$，

圆形 S 最紧凑。其他几何形状的 S，$P^2/A > 4\pi$。若几何形状越复杂，则分散度越大。例如，正方形的分散度为 16，而正三角形的分散度为 $36/\sqrt{3}$。

6. 偏心度

区域的偏心度是区域形状的重要描述，度量偏心度可以采用区域主轴与辅轴之比，如图 5-4 所示，主轴与辅轴相互垂直，且是两方向上的最长值。偏心度 ε 的计算公式为

$$\varepsilon = \frac{(\mu_{02}-\mu_{20})^2+4\mu_{11}}{(\mu_{02}+\mu_{20})^2} \qquad (5.26)$$

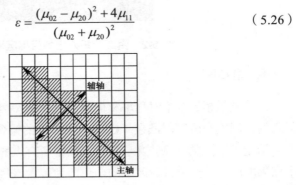

图 5-4　图像的主轴与辅轴

5.2　颜色描述

颜色特征是基于像素点的特征，所有属于图像或图像区域的像素对其都有贡献，是一种全局特征，描述了图像或图像区域所对应景物的表面性质。对于彩色图像来说，三维特征比灰度图像的一维特征具有更好的识别效果。

5.2.1　彩色空间

彩色空间是用来表示彩色的数学模型，又称为彩色模型。RGB 彩色空间是最常用的一种彩色空间，但在计算机系统中表达颜色信息的空间不止这一种。从技术角度区分，彩色空间可分成以下 3 类。

（1）RGB 型彩色空间/计算机图形彩色空间。这类模型主要用于电视机和计算机的颜色显示系统，如 RGB、HIS、HSL 和 HSV 等彩色空间。

（2）XYZ 型彩色空间/CIE 彩色空间。这类彩色空间是由国际照明委员会定义的彩色空间，通常作为国际性的彩色空间标准及颜色的基本度量方法。例如，CIE 1931 XYZ、L*a*b*、L*u*v*和 LCH 等彩色空间就可作为过渡性的转换空间。

（3）YUV 型彩色空间/电视系统彩色空间。这类彩色空间是由广播电视需求的推动而开发的彩色空间，主要目的是通过压缩色度信息以有效地播送彩色电视图像。例如，YUV、YIQ、TU-RBT.601、YCbCr、ITU-R BT.709、Y'CbCr 和 SMPTE-240MY'PbPr 等彩色空间。

RGB 空间比较简单、直观，我们现在获取的彩色图像基本都是在 RGB 空间上进行存储的，一般的图像处理也都是基于 RGB 空间的，但是 RGB 空间中两点的欧氏距离与实际颜色距离不是线性关系，在颜色分离中极易引起误分离，而且因为 R、G、B 三原色中都带有亮度信息，分离时常常会把一些有用信息漏掉或夹杂了其他的无用信息。利用线性或非线性变换，可以由 RGB 彩色空间推导出其他的彩色特征空间，不同颜色可以通过一定的数学关系相互转换。

针对具体目标图像，选择合适的彩色空间可以提高特征描述的有效性。有些彩色空间可以直接变换，如 RGB 和 HSI、RGB 和 HSB、CIE XYZ 和 CIE L*a*b*等。有些彩色空间之间不能直接变换，如 RGB 和 CIE L*a*b*、CIE XYZ 和 HSL 等，它们之间的变换要借助其他彩色空间进行过渡。下面给出的 HSI 彩色空间和 CIECAM02 色貌模型分别属于这两种情况中的一种。

1. HSI 彩色空间

HSI（Hue/Saturation/Intensity，色调/饱和度/强度）彩色空间是一种常见的彩色模型。采用色调和饱和度来描述颜色，是从人类的色视觉机理出发提出的。

色调表示颜色，颜色与彩色光的波长有关，将颜色按红橙黄绿青蓝紫顺序排列定义色调值，并且用角度值（0°～360°）来表示。例如，红、黄、绿、青、蓝、洋红的角度值分别为 0°、60°、120°、180°、240°和 300°。

饱和度表示色的纯度，也就是彩色光中掺杂白光的程度。白光越多饱和度越低，白光越少饱和度越高且颜色越纯。饱和度的取值采用百分数（0%～100%），0%表示灰色光或白光，100%表示纯色光。

强度表示人眼感受到彩色光颜色的强弱程度，它与彩色光的能量大小（或彩色光的亮度）有关，因此有时也用亮度（Brightness）来表示。

通常把色调与饱和度统称为色度，用来表示颜色的类别与深浅程度。人类的视觉系统对亮度的敏感程度远强于对颜色浓淡的敏感程度，对比 RGB 彩色空间，人类的视觉系统的这种特性采用 HSI 彩色空间来解释更为适合。HSI 彩色描述对人来说是自然的、直观的，符合人的视觉特性，HSI 模型对开发基于彩色描述的图像处理方法也是一个较为理想的工具。例如，在 HSI 彩色空间中，可以通过算法直接对色调、饱和度和亮度独立地进行操作。采用 HSI 彩色空间有时可以减少彩色图像处理的复杂性，提高处理的快速性，同时更接近人对彩色的认识和解释。

HSI 彩色空间是一个圆锥型空间模型，如图 5-5（a）所示。圆锥模型可以将色调、强度及饱和度的关系变化清楚地表现出来。圆锥型空间的竖直轴表示光强 I，顶部最亮表示白色，底部最暗表示黑色，中间是在最亮和最暗之间过渡的灰度。圆锥型空间中部的水平面圆周是表示色调 H 的角度坐标，如图 5-5（b）所示。

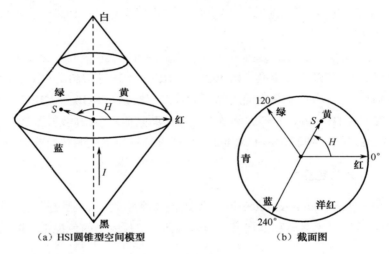

图 5-5　HSI 彩色空间示意图

在处理彩色图像时，为了处理的方便，经常要把 R、G、B 三基色表示的图像数据转换成 HSI 数据。RGB 彩色空间转换到 HSI 彩色空间的转换公式为

$$I = \frac{R+G+B}{3} \quad (5.27)$$

$$H = \begin{cases} \theta, & B \leq G \\ 360° - \theta, & B > G \end{cases} \quad (5.28)$$

其中

$$\theta = \arccos\left\{\frac{\frac{1}{2}[(R-G)+(R-B)]}{[(R-G)^2+(R-G)(R-B)]^{1/2}}\right\}$$

$$S = 1 - \left[\frac{\min(R, G, B)}{I}\right] \quad (5.29)$$

2. CIECAM02 色貌模型

CIECAM02 是一种考虑视觉条件的具有更佳颜色均匀性的色貌模型（Color Appearance Model，CAM）。该模型是一个复杂的非线性变换系统，它采用一个精确的数学变换，将一个观察条件下一种媒体的色貌参数映射到另一个观察条件下的色貌，能实现跨媒体的颜色真实再现。CIECAM02 包括正变换和逆变换。正变换是将一个观察条件下的三刺激值 X、Y、Z 进行色貌变换，并进行色貌属性输出的计算。逆变换是通过这些模型属性输出预测出另一个观察条件下的三刺激值 X'、Y'、Z'。此处，我们只介绍正变换过程。

CIECAM02 正向色貌模型的计算需要输入的已知量如下。

① 色样的三刺激值 X、Y、Z；

② 选用白场的三刺激值 X_w、Y_w、Z_w；

③ 适应场的亮度 L_A (cd/m²)；

④ 背景亮度因数（相对亮度）Y_b。

CIECAM02 色貌模型的环境参数包括 F（适应度因子）、c（环境影响因子）和 N_c（色诱导因子），根据观察条件的不同，取值见表 5-1。

表 5-1 环境参数表格

环境参数	F	c	N_c
平均	1.0	0.69	1.0
昏暗	0.9	0.59	0.95
很暗	0.8	0.525	0.8

根据已知量，可以计算几个背景参数，包括背景诱导因子 n、亮度背景因子 N_{bb}、彩度背景因子 N_{cb} 和指数非线性因子 z 等。

$$\begin{cases} n = Y_b / Y_w \\ N_{bb} = N_{cb} = 0.725(1/n)^{0.2} \\ z = 1.48 + n^{0.5} \end{cases} \quad (5.30)$$

CIECAM02 色貌模型设定观察背景为中性色，因此在计算背景参数过程中不考虑背景的彩度因素影响，而只考虑背景亮度因素 Y_b。

观察条件及输入确定后，就可以对输入刺激值进行处理。完成 CIECAM02 的模型计算，正向色貌模型的计算过程包括色适应变换、非线性压缩、色貌属性计算 3 部分。

（1）色适应变换（Chromatic-Adaptation Transform，CAT）

色适应变换是对人眼视锥响应信号值进行调整，反映人眼视觉随着光源色度变化而自动调节视锥响应的现象。在 CIECAM02 模型中，色适应变换将待测的三刺激值 X、Y、Z 转换成经过色适应变换后的视锥响应信号 L_c、M_c、S_c。具体步骤如下。

步骤 1：将目标色样的三刺激值（X、Y、Z）转换为人眼视锥响应信号，即

$$\begin{bmatrix} L \\ M \\ S \end{bmatrix} = M_{\text{CAT02}} \begin{bmatrix} X \\ Y \\ Z \end{bmatrix}$$

其中，M_{CAT02} 是 CIECAM02 进行色适应变换的色空间变换矩阵，具体为

$$M_{\text{CAT02}} = \begin{bmatrix} 0.7328 & 0.4296 & -0.1624 \\ -0.7036 & 1.6474 & 0.0061 \\ 0.0030 & 0.0136 & 0.9834 \end{bmatrix}$$

同理，用同一个 M_{CAT02} 通过 X_w、Y_w、Z_w 可以计算出 L_w、M_w，其中 L_w、M_w、S_w 是白点的长波视锥响应、中波视锥响应和短波视锥响应。

步骤 2：计算适应度因子 D，即

$$D = F\left[1 - \left(\frac{1}{3.6}\right) e^{\left(\frac{-L_A - 42}{92}\right)}\right] \quad (5.31)$$

如果色适应是完全的，$D = 1$（$L_A \to \infty, F = 1$）；如果没有色适应，$D = 0$，但实际中最小的 $D = 0.66$（$L_A = 0$，$F = 0.8$）。

步骤 3：由 L、M、S 计算色适应后的对应色 L_c、M_c、S_c，即

$$\begin{aligned} L_c &= [(Y_w D/L_w) + (1-D)]L \\ M_c &= [(Y_w D/M_w) + (1-D)]M \\ S_c &= [(Y_w D/S_w) + (1-D)]S \end{aligned} \quad (5.32)$$

同理，由 L_w、M_w、S_w 可以计算出 L_{wc}、M_{wc}、S_{wc}。

（2）非线性压缩

CIECAM02 色貌模型采用非线性压缩方式使得不同范围的信号输出值能够保持在一定的范围内，其计算过程包括以下 3 个步骤。

步骤 1：HPE 空间转换。

CIECAM02 色貌模型中感知属性变量的计算是在 HPE 空间（Hunt-Pointer-Estevez）内完成的，首先将视锥响应信号转换到 HPE 空间内。

$$\begin{bmatrix} L' \\ M' \\ S' \end{bmatrix} = M_{\text{HPE}} M^{-1}{}_{\text{CAT02}} \begin{bmatrix} L_c \\ M_c \\ S_c \end{bmatrix}$$

$$M_{\text{HPE}} = \begin{bmatrix} 0.38971 & 0.68898 & -0.07868 \\ -0.22981 & 1.18340 & 0.04641 \\ 0.00000 & 0.00000 & 1.00000 \end{bmatrix}$$

$$M^{-1}{}_{\text{CAT02}} = \begin{bmatrix} 1.096124 & -0.278869 & 0.182745 \\ 0.454369 & 0.473533 & 0.072098 \\ -0.009628 & -0.005698 & 1.015326 \end{bmatrix}$$

同理，可以由 L_{wc}、M_{wc}、S_{wc} 计算出 L'_{w}、M'_{w}、S'_{w}。

步骤 2：计算亮度水平适应因子。

$$k = 1/(5L_{\text{A}} + 1); \quad F_{\text{L}} = 0.2k^4(5L_{\text{A}}) + 0.1(1-k^4)^2(5L_{\text{A}})^{1/3} \quad （5.33）$$

步骤 3：进行非线性响应压缩。

对 HPE 色空间内视锥响应信号采用下列公式进行压缩。

$$L'_{\text{a}} = \frac{400(F_{\text{L}}L'/100)^{0.42}}{[27.13 + (F_{\text{L}}L'/100)^{0.42}]} + 0.1$$

$$M'_{\text{a}} = \frac{400(F_{\text{L}}M'/100)^{0.42}}{[27.13 + (F_{\text{L}}M'/100)^{0.42}]} + 0.1 \quad （5.34）$$

$$S'_{\text{a}} = \frac{400(F_{\text{L}}S'/100)^{0.42}}{[27.13 + (F_{\text{L}}S'/100)^{0.42}]} + 0.1$$

同理，可以由 L'_{w}、M'_{w}、S'_{w} 计算出 L'_{wa}、M'_{wa}、S'_{wa}。如果当 L'、M'、S' 中任何一个出现负值时，在计算的过程中都用其绝对值进行替代，最后把相应的 L'_{a}、M'_{a}、S'_{a} 改为负值。

（3）色貌属性计算

CIECAM02 正向变换输出的色貌属性有亮度 Q（Brightness）、明度 J（Lightness）、色彩度 M（Colorfulness）、色度 C（Chroma）、饱和度 S（Saturation）和色调 H（Hue）。

步骤 1：计算红绿度、黄蓝度。

红绿色品：$a = L'_{\text{a}} - 12M'_{\text{a}}/11 + S'_{\text{a}}/11$

黄蓝色品：$b = (1/9)(L'_{\text{a}} + M'_{\text{a}} - 2S'_{\text{a}})$

步骤 2：计算色调角和偏心因子 e。

色调角：$h = \arctan(b/a)$

偏心因子：$e = \left(\dfrac{12500}{13} N_{\text{c}} N_{\text{cb}}\right)\left[\cos\left(h\dfrac{\pi}{180} + 2\right) + 3.8\right]$

步骤3：根据以下特定色调数据通过线性插值法计算色调 H。

红：$h_r = 20.14$，$H = 0$ 或 400

黄：$h_y = 90.00$，$H = 100$

绿：$h_g = 164.25$，$H = 200$

蓝：$h_b = 237.53$，$H = 300$

$$H = H_1 + \frac{100(h - h_1)/e_1}{(h - h_1)/e_1 + (h_2 - h)/e_2}$$

式中，h_1 和 e_1 是红、黄、绿、蓝四个单色中与由步骤 2 中计算的色调角 h 最接近且比 h 小的色调角和相应的偏心因子；h_2 和 e_2 是红、黄、绿、蓝四个单色中与 h 最接近且比 h 大的色调角和相应的偏心因子。

步骤4：计算无彩色响应 A。

$$A = [2L'_a + M'_a + (1/20)S'_a - 0.305]N_{bb}$$
$$A_w = [2L'_{wa} + M'_{wa} + (1/20)S'_{wa} - 0.305]N_{bb}$$

（5.35）

步骤5：计算明度 J。

$$J = 100(A/A_w)^{cz}$$

（5.36）

步骤6：计算视明度 Q。

$$Q = (4/c)(J/100)^{0.5}(A_w + 4)F_L^{0.25}$$

（5.37）

步骤7：计算彩度 C。

$$C = t^{0.9}\sqrt{J/100}(1.64 - 0.29^n)^{0.73}$$

（5.38）

其中

$$t = \frac{e(a^2 + b^2)^{1/2}}{L'_a + M'_a + (21/20)S'_a}$$

步骤8：计算视彩度 M 和色饱和度 S。

$$M = C \cdot F_L^{1/4}$$

（5.39）

$$S = 100\sqrt{M/Q}$$

（5.40）

5.2.2 直方图

一幅数字图像可以看作二维随机过程的一个样本，可以用联合概率分布来描述。根据图像的各像素幅度值可以设法估计出图像的概率分布，从而形成图像的直方图特征。直方图是一种概率统计的方法，具有旋转不变性和缩放不变性等特点，在图像处理中得到广泛应用。

1. 一维灰度直方图

图像的灰度直方图可以描述图像的灰度分布情况，其横坐标为灰度级 $b \in [0, L-1]$（图像灰度级数为 L），纵坐标为该灰度 b 在图像中出现的频率 $p(b)$，即

$$p(b) = N(b)/M \tag{5.41}$$

式中，M 表示了图像中总像素数目；$N(b)$ 表示像素为灰度值 b 的数目。

因此，$p(b)$ 是一个在 [0,1] 区间内的随机数，代表了区域的概率密度函数。通常，直方图给出了一幅灰度图像的全局描述，在实际应用中，把整个直方图作为特征是没有必要的。人们通常使用以下几个从直方图中提取出来的一阶统计测度作为类别间的特征差异，如均值、方差、偏度、能量、熵等。

（1）均值 μ：表示灰度概率分布的均值。

$$\mu = \sum_{b=0}^{L-1} b p(b) \tag{5.42}$$

（2）方差 σ^2：是图像灰度值分布离散性的度量。

$$\sigma^2 = \sum_{b=0}^{L-1} (b-\mu)^2 p(b) \tag{5.43}$$

（3）偏度：是对灰度分布的对称情况的度量。

它描述了数据集（图像像素）关于中心点 μ 左右对称的情况。对于任何对称分布的数据集，其偏度都近似为 0，例如，正态分布的偏度就是 0。如果偏度为负数，表示数据集偏于中心点 μ 的左边；如是正数，则表示数据集偏于中心点 μ 的右边。

$$S = \frac{1}{\sigma^3} \sum_{b=0}^{L-1} (b-\mu)^3 p(b) \tag{5.44}$$

（4）峰度：表示了图像灰度分布的集中情况。

相对于正态分布来说，图像像素的分布若集中在均值附近，则呈尖峰状，而若分布于两端，则呈平坦状。如果像素分布有高峰度值，则说明在均值附近有一尖峰；若峰度值低，则峰值较平缓。但是对于均匀分布来说，却是个例外，正值表示数据集中在均值附近，负值则表示数据是平缓分布的。

$$K = \frac{1}{\sigma^4} \sum_{b=0}^{L-1} (b-\mu)^4 p(b) \tag{5.45}$$

（5）能量：表示了灰度分布的均匀性。

$$EN = \sum_{b=0}^{L-1} [p(b)]^2 \tag{5.46}$$

（6）熵：是图像中信息量的度量。

$$ER = -\sum_{b=0}^{L-1} p(b)\lg[p(b)] \tag{5.47}$$

一般来说，均值 μ 反映图像的平均亮度，方差 σ^2 反映图像灰度级分布的分散性。这两个统计量容易受图像的采样情况所影响（如光照条件），因此在一些分类问题中，一般情况下都先对图像进行规范化处理，使得所有图像有相同的均值和方差。偏度是直方图偏离对称情况的度量。峰度反映直方图所表示的分布是集中在均值附近还是散布于端尾。能量是灰度分布对于原点的二阶矩，如果图像灰度值是等概率分布的，则能量为最小。根据信息理论，熵是图像中信息量多少的反映，对于等概率分布时，熵最大。

必须指出的是，在图像的灰度空间，其直方图的计算方式也可以同样应用于彩色图像的各颜色子带。

2. 特征直方图

设 $N(x_i)$ 为图像 I 中某一特征值为 x_i 的像素个数，$M = \sum_i N(x_i)$ 为 I 中总像素数，对 $N(x_i)$ 做归一化处理，即

$$h(x_i) = \frac{N(x_i)}{M} \tag{5.48}$$

图像 I 的一般特征直方图为

$$H(I) = [h(x_1), h(x_2), \cdots, h(x_n)] \tag{5.49}$$

式中，n 为某一特征取值的个数。

事实上，特征直方图就是某一特征的概率分布。对于灰度图像，直方图就是灰度的概率分布，令

$$\lambda(x_i) = \sum_{j=1}^{i} h(x_j) \tag{5.50}$$

则该特征的累积直方图为

$$\lambda(I) = [\lambda(x_1), \lambda(x_2), \cdots, \lambda(x_n)] \tag{5.51}$$

5.2.3 颜色直方图距离

颜色作为特征直方图中的统计量，即为颜色直方图。将图像 I 中的颜色量化成 n 个颜色等级（bin），颜色量化值分别为 $C_1, C_2, \cdots, C_n$，令 $N(C_i)$ 为颜色 C_i 的像素个数，M 为 I 中像素的总数，颜色直方图定义为

$$h(i) = h(C_i) = \frac{N(C_i)}{M}, \quad i = 1, 2, \cdots, n \tag{5.52}$$

颜色直方图能简单描述一幅图像中颜色的全局分布,即不同色彩在整幅图像中所占的比例,特别适用于描述那些难以自动分割的图像和无须考虑物体空间位置的图像。其缺点在于无法描述图像中颜色的局部分布及每种色彩所处的空间位置,即无法描述图像中的某一具体的对象或物体。

在图像的颜色特征提取之后,很直观的方法是直接使用颜色特征向量的距离来衡量两幅图像的相似性,也就是颜色直方图间距离的度量问题。目前较为常用的直方图距离公式有多种,下面是常用的两种距离公式,即

$$d_1(h,g) = \sum_{i=1}^{n} |h(i) - g(i)| \qquad (5.53)$$

$$d_2(h,g) = \left(\sum_{i=1}^{n} (h(i) - g(i))^2 \right)^{1/2} \qquad (5.54)$$

式中,$i = 1, 2, \cdots, n$,表示 n 维的索引色空间;h 和 g 分别表示参考图像和被考察图像的颜色直方图。

5.2.4 其他颜色描述

1. 颜色集

颜色集是对颜色直方图的一种近似描述。首先将 RGB 颜色空间转化成视觉均衡的颜色空间(如 HSV 空间),并对颜色空间进行量化。然后,用色彩自动分割技术将图像分为若干区域,每个区域用量化颜色空间的某个颜色分量来索引,从而将图像表达成一个二进制的颜色索引集。在图像匹配中,比较不同图像颜色集之间的距离和色彩区域的空间关系(包括区域的分离、包含、交等,每种关系对应于不同的评分)。因为颜色集表达为二进制的特征向量,可以构造二分查找树来加快检索速度,这对于大规模的图像集合十分有利。

2. 颜色矩

颜色矩以数学方法为基础,通过计算矩来描述颜色的分布。由于多数信息只与低阶矩有关,因此在实际运用中只需提取颜色特征的一阶矩、二阶矩、三阶矩来表示颜色特征。颜色矩通常直接在 RGB 空间计算,颜色分布的前三阶矩表示为

$$\mu_i = \frac{1}{M} \sum_{j=1}^{M} P_{ij} \qquad (5.55)$$

$$\sigma_i = \left[\frac{1}{M}\sum_{j=1}^{M}(P_{ij}-\mu_i)^2\right]^{\frac{1}{2}} \quad (5.56)$$

$$s_i = \left[\frac{1}{M}\sum_{j=1}^{M}(P_{ij}-\mu_i)^3\right]^{\frac{1}{3}} \quad (5.57)$$

式中，P_{ij} 是第 j 个像素的第 i 个颜色分量；M 是图像中像素数量。

事实上，一阶矩 μ_i 定义了每个颜色分量的平均强度，二阶矩 σ_i 和三阶矩 s_i 分别定义了颜色分量的方差和偏斜度。

3. 颜色聚合向量

图像的颜色聚合向量是颜色直方图的一种演变，其核心思想是将属于直方图每一个颜色等级（bin）的像素分为两部分：如果该颜色等级内的某些像素所占据的连续区域的面积大于给定的阈值，则将该区域内的像素作为聚合像素，否则作为非聚合像素。对于具有 n 个颜色量级的图像 I，假设 a_i 与 b_i 分别代表直方图的第 i 个颜色级中聚合像素和非聚合像素的数量，图像的颜色聚合向量可以表达为 $\langle (a_1,b_1),(a_2,b_2),\cdots,(a_n,b_n)\rangle$。令 M 为图像中像素的总数，将 a_i 和 b_i 进行归一化为 $\alpha_i = a_i/M$ 和 $\beta_i = b_i/M$，可得归一化的颜色聚合向量 $\langle (\alpha_1,\beta_1),(\alpha_2,\beta_2),\cdots,(\alpha_n,\beta_n)\rangle$，而 $\langle \alpha_1+\beta_1,\alpha_2+\beta_2,\cdots,\alpha_n+\beta_n\rangle$ 就是该图像的颜色直方图。由于包含了颜色分布的空间信息，颜色聚合向量相比颜色直方图可以达到更好的检索效果。

4. 颜色相关图

颜色相关图是图像颜色分布的另一种表达方式，描述了像素颜色随着距离变化的空间相关性。假设一幅彩色图像 I 中的颜色量化值分别为 $C_1, C_2, \cdots, C_n$，N_{C_i} 表示颜色为 C_i 的所有像素。假设任意两个像素点 p_1、p_2 的坐标分别为 (x_1, y_1) 和 (x_2, y_2)，它们之间的距离定义为

$$k = |p_1 - p_2| = \max\{|x_1 - x_2|, |y_1 - y_2|\} \quad (5.58)$$

则颜色相关图可以定义为

$$r_{C_i C_j}^{(k)} = \Pr\left[|p_1 - p_2| = k \mid p_1 \in N_{C_i}, p_2 \in N_{C_j}\right] = N_{ij}/M \quad (5.59)$$

式中，$i, j \in \{1, 2, \cdots, n\}$；$N_{ij}$ 表示距离为 k 的颜色对 $\langle C_i, C_j\rangle$ 的个数；M 是图像的总像素数。

这样，$r_{C_i C_j}^{(k)}$ 表达的是距离为 k 的两个像素 C_i 和 C_j 同时发生的条件概率。当取 $i = j$ 时，$r_{C_i C_i}^{(k)}$ 为颜色自相关图。

5. 三维直方图颜色数

首先对 RGB 彩色空间进行量化,将 R、G、B 3 个通道量化为 16×16×16 的颜色盒子,然后统计计算三维直方图 $h(i,j,k)$,其中,$p(i,j,k)$ 表示 R、G、B 3 个分量为 i、j、k 时的颜色统计概率,即

$$h(i,j,k) = \begin{cases} 1, & \text{当} p(i,j,k) \neq 0 \\ 0, & \text{当} p(i,j,k) = 0 \end{cases} \quad (5.60)$$

则三维直方图上颜色分布的数量 f_{ColorNum} 为

$$f_{\text{ColorNum}} = \sum_{i=1}^{16}\sum_{j=1}^{16}\sum_{k=1}^{16} h(i,j,k) \quad (5.61)$$

5.3 纹理描述

纹理也是图像的一个重要属性。一般地说,纹理就是指在图像中反复出现的局部模式和它们的排列规则,是图像像素灰度级或颜色的某种规律性的变化,这种变化是与空间统计相关的,如图 5-6 所示。纹理特征是对图像纹理平滑度、粗糙度和规律性等特征的度量,通常与像素的平均灰度值无关。本节介绍灰度共生矩阵、Gabor 和可控金字塔变换等 3 种纹理描述方法,它们将被用于后续的皮损目标的分割和分类。

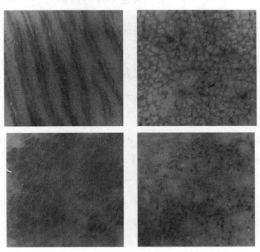

图 5-6 几种皮肤镜图像的纹理

5.3.1 灰度共生矩阵

灰度共生矩阵是最常用的纹理统计分析方法之一。它是建立在图像的二

阶组合条件概率密度函数的基础上，即通过计算图像中特定方向和特定距离的两像素间从某一灰度过渡到另一灰度的概率，反映图像在方向、间隔、变化幅度及快慢的综合信息。

设 $f(x,y)$ 为一幅 $N \times N$ 的灰度图像，$d = (dx, dy)$ 是一个位移矢量，其中，dx 是行方向上的位移，dy 是列方向上的位移，L 为图像的最大灰度级数。灰度共生矩阵定义为从 $f(x,y)$ 的灰度为 i 的像素出发，统计与距离 $\delta = (dx^2 + dy^2)^{\frac{1}{2}}$、灰度为 j 的像素同时出现的概率 $p(i,j|d,\theta)$，如图 5-7 所示，数学表达式为

$$p(i,j|d,\theta) = \{(x,y) | f(x,y) = i, f(x+dx, y+dy) = j\} \quad (5.62)$$

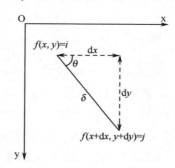

图 5-7　灰度共生矩阵的像素对

根据这个定义，灰度共生矩阵的第 i 行第 j 列元素表示图像上两个相距为 δ、方向为 θ、分别具有灰度级 i 和 j 的像素点对出现的次数。其中，(x,y) 是图像中的像素坐标，x、y 的取值范围为 $[0, N-1]$，i、j 的取值范围为 $[0, L-1]$。一般而言，θ 取 $0°$、$45°$、$90°$、$135°$。对于不同的 θ，矩阵元素的定义如下：

$$p(i,j|d,0°) = \{(x,y) | f(x,y) = i, \ f(x+dx, y+dy) = j, \ |dx| = d, dy = 0\} \quad (5.63)$$

$$\begin{aligned}p(i,j|d,45°) = \{(x,y) | f(x,y) = i, \ f(x+dx, y+dy) = j, \\ (dx = d, \ dy = -d) or (dx = -d, dy = d)\}\end{aligned} \quad (5.64)$$

$$p(i,j|d,90°) = \{(x,y) | f(x,y) = i, \ f(x+dx, y+dy) = j, \ dx = 0, |dy| = d\} \quad (5.65)$$

$$\begin{aligned}p(i,j|d,135°) = \{(x,y) | f(x,y) = i, \ f(x+dx, y+dy) = j, \\ (dx = d, \ dy = d) or (dx = -d, \ dy = -d)\}\end{aligned} \quad (5.66)$$

显然 $p(i,j|d,\theta)$ 为一个对称矩阵，其维数由图像中的灰度级数决定。若图像的最大灰度级数为 L，则灰度共生矩阵为 $L \times L$ 矩阵。这个矩阵是距离和方向的函数，在规定的计算窗口或图像区域内统计符合条件的像素点对数。

对于如图 5-8（a）所示的 6×6、灰度级为 4 的图像，其相应的共生矩阵

如图 5-8（b）所示。

0	1	2	3	0	1
1	2	3	0	1	2
2	3	0	1	2	3
3	0	1	2	3	0
0	1	2	3	0	1
1	2	3	0	1	2

	0	1	2	3
0	$p(0,0)$	$p(0,1)$	$p(0,2)$	$p(0,3)$
1	$p(1,0)$	$p(1,1)$	$p(1,2)$	$p(1,3)$
2	$p(2,0)$	$p(2,1)$	$p(2,2)$	$p(2,3)$
3	$p(3,0)$	$p(3,1)$	$p(3,2)$	$p(3,3)$

（a）图像　　　　　　　　　　（b）灰度共生矩阵

图 5-8　图像与其共生矩阵

由前面的公式可以计算出 $d=1$ 时，$0°$、$45°$、$90°$、$135°$ 的灰度共生矩阵分别为

$$p(0°)=\begin{bmatrix}0 & 8 & 0 & 7\\8 & 0 & 8 & 0\\0 & 8 & 0 & 7\\7 & 0 & 7 & 0\end{bmatrix}\quad p(45°)=\begin{bmatrix}12 & 0 & 0 & 0\\0 & 14 & 0 & 0\\0 & 0 & 12 & 0\\0 & 0 & 0 & 12\end{bmatrix}$$

$$p(90°)=\begin{bmatrix}0 & 8 & 0 & 7\\8 & 0 & 8 & 0\\0 & 8 & 0 & 7\\7 & 0 & 7 & 0\end{bmatrix}\quad p(135°)=\begin{bmatrix}0 & 0 & 13 & 0\\0 & 0 & 0 & 12\\13 & 0 & 0 & 0\\0 & 12 & 0 & 0\end{bmatrix}$$

通过上述计算结果可以看出，图像在 $0°$、$90°$、$135°$ 方向上的灰度共生矩阵的对角线元素全为 0，表明图像在该方向上灰度无重复、变化快、纹理细；而图像在 $45°$ 方向上灰度共生矩阵的对角线元素值较大，表明图像在该方向上灰度变化慢，纹理较粗。

灰度共生矩阵反映了图像灰度分布关于方向、邻域和变化幅度的综合信息，但它并不能直接提供区别纹理的特性。因此，有必要进一步从灰度共生矩阵中提取描述图像纹理的特征，用来定量描述纹理特性。

为了分析方便，灰度共生矩阵元素常用概率值表示，即将各元素 $p(i,j|d,\theta)$ 除以各元素之和 S，得到各元素都小于 1 的归一化值 $\hat{p}(i,j|d,\theta)$，即

$$\hat{p}(i,j|d,\theta)=\frac{p(i,j|d,\theta)}{S} \quad (5.67)$$

下面是最常用的五种特征量计算公式。

（1）对比度

$$\text{CON} = \sum_i \sum_j (i-j)^2 \hat{p}(i,j|d,\theta) \tag{5.68}$$

图像的对比度可以理解为图像的清晰度，即纹理清晰程度。在图像中，纹理的沟纹越深，其对比度越大，图像的视觉效果越清晰。

（2）能量

$$\text{ASM} = \sum_i \sum_j \hat{p}(i,j|d,\theta)^2 \tag{5.69}$$

能量（或角二阶矩）是对图像灰度分布均匀性的度量。当灰度共生矩阵的元素分布较集中于主对角线时，说明从局部区域观察图像的灰度分布是较均匀的，从图像的整体来观察，纹理较粗，ASM 较大，即粗纹理含有较多的能量；反之，纹理较细，ASM 较小，含有较少的能量。

（3）相关性

相关性能够用来衡量灰度共生矩阵的元素在行方向或列方向的相似程度。例如，某图像具有水平方向的纹理，则图像在 $\theta = 0°$ 方向的灰度共生矩阵的相关值往往大于 $\theta = 45°,90°,135°$ 的灰度共生矩阵的相关值。

$$C(d,\theta) = \frac{\sum_i \sum_j ij\,\hat{p}(i,j|d,\theta) - \mu_1\mu_2}{\sigma_1^2 \sigma_2^2} \tag{5.70}$$

其中，$\mu_1 = \sum_i i \sum_j \hat{p}(i,j|d,\theta)$，$\mu_2 = \sum_j j \sum_i \hat{p}(i,j|d,\theta)$

$$\sigma_1^2 = \sum_i (i-\mu_1)^2 \sum_j \hat{p}(i,j|d,\theta),\quad \sigma_2^2 = \sum_j (j-\mu_2)^2 \sum_i \hat{p}(i,j|d,\theta)$$

（4）熵

$$\text{ENT} = -\sum_i \sum_j \hat{p}(i,j|d,\theta) \log_2 \hat{p}(i,j|d,\theta) \tag{5.71}$$

熵是图像所具有信息量的度量，纹理信息也属于图像的信息。若图像没有任何纹理，则灰度共生矩阵几乎为零矩阵，熵值接近为零；若图像有较多的细小纹理，则灰度共生矩阵中的数值近似相等，则图像的熵值最大；若图像中分布着较少的纹理，则该图像的熵值较小。

（5）逆差矩

$$\text{Hom} = \sum_i \sum_j \frac{\hat{p}(i,j|d,\theta)}{1+(i-j)^2} \tag{5.72}$$

逆差矩是图像纹理局部变化的度量，反映了纹理的规则程度。纹理越规则，逆差矩就越大，反之亦然。

5.3.2 Gabor 小波纹理描述

视觉系统是把视网膜上的图像分解成许多滤波后的图像加以识别的，而且每幅图像的频率、方向的变化范围较窄。也就是说，滤波后的图像只刻画了视网膜图像在一个比较窄的频带和方向范围内的成分。受此观点启发，在模拟人类视觉系统中，可以将频率和方向结合在一起，调谐到一个比较窄的区域对图像进行分析。这个区域也就是通道，纹理分析采用的"多通道滤波器方法"就是受到视觉系统工作的启发。

Gabor 小波变换一定程度上结合了 Gabor 变换和小波变换的优点，具有多角度、多分辨率的特性。由于纹理图像在不同的角度和不同的尺度范围内都会呈现出不同的纹理特性，而 Gabor 小波变换恰好能够在多尺度、多角度的条件下对图像进行处理，这就使得它被广泛应用到图像的纹理特征提取当中，并取得了很好的效果。

1. 离散 Gabor 变换

若 $g(x)$ 和 $h(x)$ 是离散的分析窗和综合窗，且两者满足双正交关系，则 L 点的有限序列 $f(x)$ 的 Gabor 变换及其重构公式为

$$C_{m,n} = \langle f(x), g_{m,n}(x) \rangle = \sum_{x=0}^{L-1} f(x) \overline{g(x-n)} e^{-j\frac{2\pi mx}{M}} \quad (5.73)$$

$$f(x) = \sum_{m=0}^{M-1} \sum_{n=0}^{N-1} C_{m,n} h_{m,n}(x) = \sum_{m=0}^{M-1} \sum_{n=0}^{N-1} C_{m,n} h(x-n) e^{j\frac{2\pi mx}{M}} \quad (5.74)$$

式中，N 和 M 分别为时频域中的抽样点数；m/M 为离散化的频率。

稳定的重建条件是 $MN \geq L$，严格抽样出现在 $MN = L$（$C_{m,n}$ 的个数等于 $f(x)$ 的抽样点数）时刻，当 $MN < L$ 时为欠抽样状态，此时将会丢失一些信息。

对于一个二维离散信号 $f(x,y), x = 0,1,\cdots,X-1, y = 0,1,\cdots,Y-1$，若 $g(x,y)$ 和 $h(x,y)$ 是满足双正交关系的离散分析窗和综合窗函数，则 $f(x,y)$ 的 Gabor 变换及重构公式可写成

$$C_{r,s,m,n} = \sum_{x=0}^{X-1} \sum_{y=0}^{Y-1} f(x,y) \overline{g_{r,s,m,n}(x,y)} \quad (5.75)$$

$$f(x,y) = \sum_{r} \sum_{s} \sum_{m} \sum_{n} C_{r,s,m,n} h_{r,s,m,n}(x,y) \quad (5.76)$$

式中，$g_{r,s,m,n}(x,y)$ 和 $h_{r,s,m,n}(x,y)$ 分别是 $g(x,y)$ 和 $h(x,y)$ 的移位和调制。

$$g_{r,s,m,n}(x,y) = g(x-m, y-n)e^{j\frac{2\pi rx}{N_1}} e^{j\frac{2\pi sy}{N_2}} \quad (5.77)$$

$$h_{r,s,m,n}(x,y) = h(x-m, y-n)e^{j\frac{2\pi rx}{N_1}} e^{j\frac{2\pi sy}{N_2}} \quad (5.78)$$

式中，N_1、N_2是两个频域分量的抽样点数；r/N_1和s/N_2即为沿着x轴和y轴的频率。

2. 高斯窗 Gabor 函数

在 Gabor 变换最初提出时，指定了采用高斯窗，原因是高斯函数的傅里叶变换也是高斯的，它保证了时域和频域的能量都相对比较集中，又由于高斯信号的时宽—带宽积满足不定原理的下限，因而又可得到最好的时间、频率分辨率。

当采用高斯窗时，分析窗函数$g(x,y)$为

$$g(x,y) = \frac{1}{2\pi \sigma_x \sigma_y} \exp\left[-\frac{1}{2}\left(\frac{x^2}{\sigma_x^2} + \frac{y^2}{\sigma_y^2}\right)\right] \quad (5.79)$$

式中，σ_x和σ_y为高斯函数的方差，决定了滤波器的带宽。

二维高斯函数的长轴和短轴分别平行于x轴和y轴。图5-9给出了二维高斯函数的图形表示，其中，$\delta_x = \delta_y = 5$，中心点在原点，且x轴和y轴方向的长度均为30。

对式（5.79）的$g(x,y)$进行移位和调制，得 Gabor 函数$g_{u_0,v_0,x_0,y_0}(x,y)$为

$$g_{u_0,v_0,x_0,y_0}(x,y) = g(x-x_0, y-y_0) \times \exp[j2\pi(u_0 x + v_0 y)] \quad (5.80)$$

式中，u_0和v_0分别表示沿着x轴和y轴的频率；(x_0, y_0)是$g(x,y)$在x轴和y轴方向上的位移。

$$g(x-x_0, y-y_0) = \frac{1}{2\pi \sigma_x \sigma_y} \exp\left[-\frac{1}{2}\left(\frac{(x-x_0)^2}{\sigma_x^2} + \frac{(y-y_0)^2}{\sigma_y^2}\right)\right] \quad (5.81)$$

函数$g(x,y)$经过位移和调制后，中心点移到(x_0, y_0)，其径向中心频率为$F = \sqrt{u_0^2 + v_0^2}$，其调制的角度为$\phi = \arctan(v_0/u_0)$。图5-10是对图5-9中的高斯函数进行位移和调制的结果，图5-10（a）是位移的结果，3个高斯函数中心点(x_0, y_0)分别对应（-30,30）、（0,0）和（30,30），图5-10（b）是对图5-10（a）进行$u_0 = v_0 = 0.1$的调制结果，图5-10（c）是对图5-10（a）进行$u_0 = v_0 = 0.3$的调制结果。可以看出，(x_0, y_0)的变化是高斯函数在空域上的位移，而(u_0, v_0)的变化则是函数在频率上的反映。

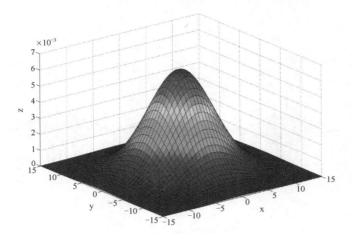

图 5-9 二维高斯函数

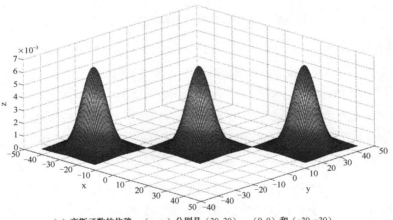

(a) 高斯函数的位移,(x_0, y_0) 分别是 (30, 30)、(0, 0) 和 (-30, -30)

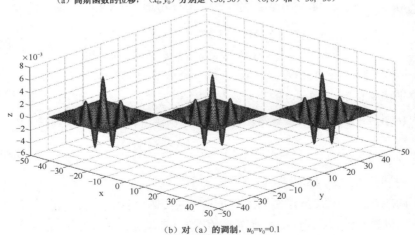

(b) 对 (a) 的调制,$u_0=v_0=0.1$

图 5-10 高斯函数的位移和调制

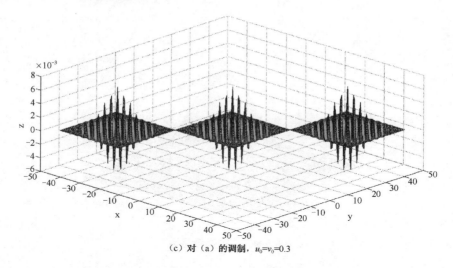

(c) 对（a）的调制，$u_0=v_0=0.3$

图 5-10　高斯函数的位移和调制（续）

为了分析 $g_{u_0,v_0,x_0,y_0}(x,y)$ 的性质，我们先来分析式（5.80）的傅里叶变换的性质。首先对式（5.79）进行傅里叶变换，其结果仍然是一个高斯函数，即

$$G(u,v)=\int g(x,y)\mathrm{e}^{-\mathrm{j}2\pi ux}\mathrm{e}^{-\mathrm{j}2\pi vy}\mathrm{d}x\mathrm{d}y=\exp[-2\pi^2(\sigma_x^2 u^2+\sigma_y^2 v^2)] \quad (5.82)$$

根据傅里叶变换的性质，当空域中 $g(x,y)$ 产生移动时，在频域中只发生相移，而其傅里叶变换的幅值不变。因此可得 $g(x-x_0,y-y_0)$ 的傅里叶变换为

$$\begin{aligned}G_{x_0,y_0}(u,v)&=\int g(x-x_0,y-y_0)\mathrm{e}^{-\mathrm{j}2\pi ux}\mathrm{e}^{-\mathrm{j}2\pi vy}\mathrm{d}x\mathrm{d}y\\&=\exp[-2\pi^2(\sigma_x^2 u^2+\sigma_y^2 v^2)]\times\exp[-\mathrm{j}2\pi(ux_0+vy_0)]\end{aligned} \quad (5.83)$$

将 $g(x-x_0,y-y_0)$ 乘以一个指数项，相当于将其二维离散傅里叶变换 $G_{x_0,y_0}(u,v)$ 的频域中心移动到新的位置，因此可得式（5.80）的傅里叶变换为

$$\begin{aligned}G_{u_0,v_0,x_0,y_0}(u,v)&=\exp\{-2\pi^2[\sigma_x^2(u-u_0)^2+\sigma_y^2(v-v_0)^2]\}\\&\times\exp\{-\mathrm{j}2\pi[x_0(u-u_0)+y_0(v-v_0)]\}\end{aligned} \quad (5.84)$$

式（5.84）表明，$G_{u_0,v_0,x_0,y_0}(u,v)$ 是一个沿着频率轴 (u,v) 平移了 (u_0,v_0)、相位平移了 $(-2\pi x_0,-2\pi y_0)$ 的高斯函数。因此 $G_{u_0,v_0,x_0,y_0}(u,v)$ 相当于一个中心频率为 (u_0,v_0) 的带通函数，其带宽由 σ_x 和 σ_y 决定。而根据 Parseval 等式，有

$$\langle f(x,y),g(x,y)\rangle=\frac{\langle F(u,v),G(u,v)\rangle}{2\pi} \quad (5.85)$$

由此，$g_{u_0,v_0,x_0,y_0}(x,y)$ 也是一个中心频率为 (u_0,v_0) 的带通滤波器。图 5-11 是不同的 (u_0,v_0) 对皮肤镜图像的 Gabor 变换实例，可以看出，当 $u_0=v_0=0$ 时是一个低通滤波器，对图像起到平滑的作用，而当 $u_0=v_0=0.1$ 和 $u_0=v_0=0.3$ 时则是对图像不同频带上的带通滤波结果。

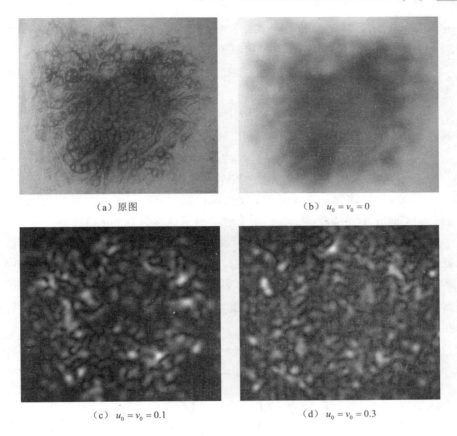

图 5-11　不同中心频率下的 Gabor 变换

3．Gabor 小波滤波器

Gabor 小波变换实质上是一个以 Gabor 函数作为基函数的小波变换。由于 Gabor 函数构成了一个完备的非正交基，当给定函数时，用该基函数展开就提供了一个局域化的频率描述。因此，用基小波为 Gabor 函数的小波变换来提取纹理特征，通过采用不同尺度的滤波器，就可以检测到不同尺度下图像的局部特征。

对于式（5.80），当 $x_0=0$、$y_0=0$ 时，式（5.80）可写成

$$g_{u_0,v_0}(x,y)=g(x,y)\cdot\exp[\text{j}2\pi(u_0x+v_0y)] \quad (5.86)$$

将式（5.86）作为基本小波函数，对其进行尺度扩张和旋转变换，可得到一组自相似 Gabor 小波基函数为

$$\psi_{m,n}(x,y)=a^{-m}g_{u_0,v_0}(x',y')=a^{-m}g(x',y')\cdot\exp[\text{j}2\pi(u_0x'+v_0y')] \quad (5.87)$$

式中，$x'=a^{-m}(x\cos\theta+y\sin\theta)$；$y'=a^{-m}(-x\sin\theta+y\cos\theta)$；$\theta=n\pi/N$；$m$ 和

n 代表小波的尺度和方向，$m = 0,1,\cdots,M-1$，$n = 0,1,\cdots,N-1$；M 和 N 分别表示尺度数和方向数；$a > 1$ 为伸缩因子。

根据傅里叶变换的旋转不变性及比例性，可以得到式（5.87）的傅里叶变换为

$$F_\psi(u,v) = \exp\{-2\pi^2 a^{2m} [\sigma_x^2 [(u-u_0)']^2 + \sigma_y^2 [(v-v_0)']^2]\} \quad (5.88)$$

其中，$[(u-u_0)', (v-v_0)']$ 是被移位和旋转的频率坐标，即

$$\begin{pmatrix}(u-u_0)' \\ (v-v_0)'\end{pmatrix} = \begin{pmatrix}\cos\theta & \sin\theta \\ -\sin\theta & \cos\theta\end{pmatrix}\begin{pmatrix}u-u_0 \\ v-v_0\end{pmatrix}$$

因此，通过改变 m 和 n 的值，便可以得到一组方向和尺度都不同的滤波器，即 Gabor 小波滤波器，在很多文献里通常也称为 Gabor 滤波器。

设 u_l 和 u_h 分别表示所研究频域中最低和最高的频率值，假设 Gabor 滤波器选择了尺度 $M=5$，方向 $L=12$，并取 u 轴上尺度 $m=0$ 时的中心频率 $u_l = 0.05$，尺度 $m = M-1$ 时的中心频率 $u_h = 0.6$，图 5-10 给出了 Gabor 滤波器示意图，图中每一个椭圆代表一个滤波器的抛面图，因为滤波器的对称性，在实际中只取方向图像的一半即可。

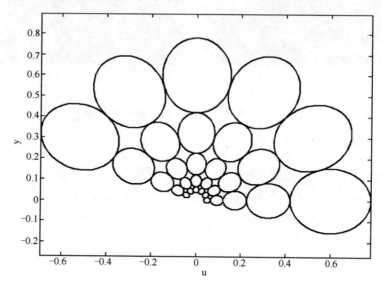

图 5-12　Gabor 滤波器示意图

图 5-13 用图像的形式给出了 5 个尺度 16 个方向的二维 Gabor 滤波器组在频率域上的形状，滤波器在频率域的形状类似于菊花花瓣，所以该类滤波器又称为菊花花瓣状 Gabor 滤波器。

图 5-13　菊花花瓣状 Gabor 滤波器

4．基于 Gabor 滤波器的纹理描述

对一幅给定的灰度图像 $f(x,y)$，它的离散 Gabor 小波变换的卷积形式为

$$G_{m,n}(x,y) = \sum_s \sum_t f(x-s, y-t)\overline{\psi_{m,n}(s,t)} \quad (5.89)$$

式中，$\overline{\psi_{m,n}(s,t)}$ 是自相似函数 $\psi_{m,n}(s,t)$ 的共轭复数。

对一幅图像进行多尺度、多方向滤波以后，可以得到一个多维数组，即

$$E(m,n) = \sum_x \sum_y |G_{m,n}(x,y)| \quad (5.90)$$

式中，$m = 0,1,\cdots,M-1$，$n = 0,1,\cdots,N-1$。

这些维数代表图像中不同尺度和方向的能量。因此变换系数的平均值 $\mu_{m,n}$ 和标准差 $\sigma_{m,n}$ 可以用来代表某个区域的纹理特征，即

$$\mu_{m,n} = E(m,n)/MN \quad (5.91)$$

$$\sigma_{m,n} = \sqrt{\sum_x \sum_y \left(|G_{m,n}(x,y)| - \mu_{m,n}\right)^2} \Big/ MN \quad (5.92)$$

用 $\mu_{m,n}$ 和 $\sigma_{m,n}$ 作为分量可以构成特征向量 $\bar{f}\{\mu_{0,0}, \sigma_{0,0}, \mu_{0,1}, \sigma_{0,1}, \cdots, \mu_{M-1,N-1}, \sigma_{M-1,N-1}\}$ 来描述图像的纹理。

图 5-14 是用 Gabor 滤波器组提取皮肤镜图像纹理的实例。图 5-14（a）显示了所选取的滤波器组，滤波器窗口大小为 32×32，尺度数为 4，方向数为 6，共 24 个不同尺度和方向的滤波器。图 5-14（b）是采用图 5-14（a）所示滤波器组对皮肤镜图像纹理的提取结果。对图 5-14（b）中的每个滤波图像进行灰度均值与方差的计算，即可得到 $4 \times 6 \times 2 = 48$ 维的特征向量，该向量

即是原图像的 Gabor 纹理表示。

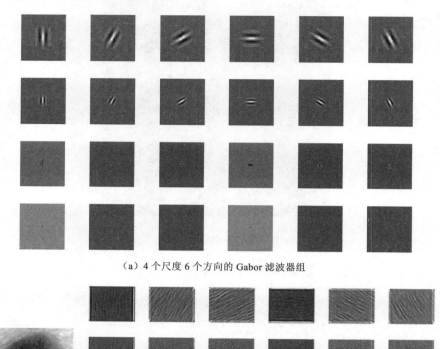

（a）4 个尺度 6 个方向的 Gabor 滤波器组

（b）用 Gabor 滤波器提取的纹理

图 5-14　Gabor 滤波器提取纹理特征

5.3.3　可控金字塔变换

可控金字塔变换（Steerable Pyramid Transformation，SPT）是一种把微分测量与多尺度分解结合到一起的变换，能够分解出没有频谱混叠现象的多尺度和多方向的子带信息，SPT 由多组滤波器构成，这些滤波器方向可控，是将基方向滤波器进行线性组合来表示的。设 $\psi^{\theta_i}(x,y)$ 是对 $\psi(x,y)$ 进行 θ_i 旋转后的一组函数，如果 $\psi^{\theta}(x,y)$ 也是函数 $\psi(x,y)$ 旋转任意 θ 后的函数，且满足式（5.93），则称 $\psi^{\theta_i}(x,y)$ 是 $\psi(x,y)$ 的一组基函数，其中 $k_i(\theta)$ 是与 $\psi^{\theta_i}(x,y)$

相对应的插值函数。

$$\psi^\theta(x,y) = \sum_{i=1}^{M} k_i(\theta)\psi^{\theta_i}(x,y) \quad (5.93)$$

现在来分析一下式（5.93）成立的条件，首先把 $\psi(x,y)$ 按照傅里叶级数展开成极坐标形式为

$$\psi(r,\phi) = \sum_{n=-N}^{N} a_n(r)\mathrm{e}^{in\phi} \quad (5.94)$$

其中，$r = \sqrt{x^2+y^2}$ 表示幅度，$\phi = \arg\tan(x,y)$ 表示相角，则存在如下的方向条件，即

$$\begin{bmatrix} 1 \\ \mathrm{e}^{i\theta} \\ \vdots \\ \mathrm{e}^{iN\theta} \end{bmatrix} = \begin{bmatrix} 1 \cdots\cdots\cdots\cdots 1 \\ \mathrm{e}^{i\theta 1} \cdots\cdots \mathrm{e}^{i\theta}M \\ \vdots \\ \mathrm{e}^{iN\theta} \cdots \mathrm{e}^{iN\theta}M \end{bmatrix} \begin{bmatrix} k_1(\theta) \\ k_2(\theta) \\ \vdots \\ k_3(\theta) \end{bmatrix} \quad (5.95)$$

当 $k_i(\theta)$ 是（5.95）的解时，式（5.93）成立，同时有

$$\psi^\theta(r,\phi) = \sum_{i=1}^{M} k_i(\theta)\psi_i(r,\phi)$$

$\psi_i(r,\phi)$ 为任意一组基函数，在极坐标情况下，我们取 $\theta_i \in (0,\pi)$ 之间等间隔分布，可得到图 5-15 所示的频域分解图。

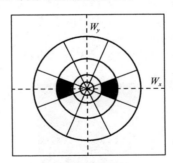

图 5-15　可控金字塔频域分解示意图

　　图 5-16 为可控金字塔的结构图，显示了其一个尺度上的分解结构。首先通过一个高通 H_0 和低通滤波器 L_0 将图像分解为高通和低通子带，接下来低通子带被进一步分解为 n 个方向的带通部分和一个低通部分 L_1。第二个尺度可以通过对 L_1 图像进行降采样得到，接着再按照第一个尺度上的分解模式得到不同方向的带通图和高通图，如此反复便可实现可控金字塔多尺度和多方向的变换。

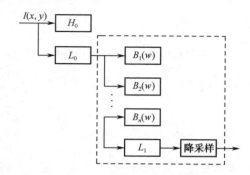

图 5-16　可控金字塔的结构图

在对图像进行 SPT 分解时,首先对原图像 $f(x,y)$ 进行平滑操作,得到低频图像 $f_l(x,y)$,将原图与低频图像相减可得到高频图像 $f_h(x,y)$,然后对低频图像进行方向子带分解,即

$$W_j^k(x,y,\theta_k) = f_l * \psi_j^{\theta_k}(x,y) \quad (5.96)$$

式中,$\psi_j^{\theta_k}(x,y)$ 表示第 j 个尺度下 θ_k 方向的滤波器。

图 5-17 是对一幅灰度图像进行一个尺度、4 方向的滤波结果实例,其中图 5-17(b)和图 5-17(c)分别是原图像的高频和低频图像,图 5-17(d)、图 5-17(e)、图 5-17(f)和图 5-17(g)是采用式(5.96)在 0°、45°、90°和 135°等 4 个方向上的带通分解。计算这些高通和低通及带通滤波图像的均值 $\mu_{j,k}$、标准差 $\sigma_{j,k}$ 及斜度 $s_{j,k}$,其中斜度公式为

$$s_{j,k} = \frac{1}{\sigma_{j,k}^3} \sum (W_j^k - \mu_{j,k})^3 \quad (5.97)$$

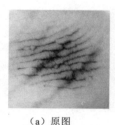
(a)原图

(b)高频图像

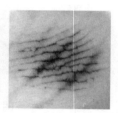
(c)低频图像

(d)0方向子带

(e)45方向子带

(f)90方向子带

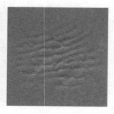
(g)135方向子带

图 5-17　可控金字塔的多分辨率分解

用 $\mu_{j,k}$、$\sigma_{j,k}$ 及 $s_{j,k}$ 作为分量可构成特征向量 $\overline{f} = \{\mu_{j,k}, \sigma_{j,k}, s_{j,k}\}$ 来描述图像的纹理。

本章小结

图像的特征提取是从图像分割到图像分类识别的重要过渡，它为图像分类识别提供重要的特征参数。本章从形状、颜色和纹理等几个方面介绍图像的特征提取方法。这些特征描述都是皮肤镜图像特征提取的常用方法，是后续皮损目标良恶性分类的基础。

本章参考文献

[1] 吴叶芬. 皮肤镜图像自适应分割算法研究[D]. 北京：北京航空航天大学，2015.

[2] 李阳. 皮肤镜图像的多模式分类算法研究[D]. 北京：北京航空航天大学，2016.

[3] 何郢丁. 皮肤镜图像的纹理分析与应用[D]. 北京：北京航空航天大学，2013.

[4] 徐斌. 黑素瘤皮肤镜图像的特征提取与诊断识别[D]. 北京：北京航空航天大学，2008.

[5] 谢凤英. 基于计算智能的皮肤镜黑素细胞瘤图像分割与识别[D]. 北京：北京航空航天大学，2009.

[6] 张学工. 模式识别（第3版）[M]. 北京：清华大学出版社，2010.

[7] 谢凤英，赵丹培，李露，等. 数字图像处理及应用[M]. 北京：电子工业出版社，2016.

[8] 顾立娟，邵命山，郝玉保. 基于可控金字塔子带能量特征的文种识别方法[J]. 计算机应用与软件，2011,28(3): 91-94.

[9] 谢凤英，李阳，姜志国，等. 基于组合BP神经网络的皮肤肿瘤目标识别[J]. 中国体视学与图像分析，2015 (1): 16-21.

[10] 谢凤英，姜志国，孟如松. 黄色人种皮肤镜图像的自动分析与识别技术[J]. 中国体视学与图像分析，2016 (3): 253-262.

[11] Duda R O, Hart P E, Stork D G. Pattern Classification[M]. Wiley, 2004.

[12] Theodoridis S, Koutroumbas K. Pattern Recognition, Fourth Edition[M].

Academic Press, 2008.

[13] Alam M S. Statistical Pattern Recognition[M]. Arnold, 1999.

[14] Rafael C G, Richand E W. 数字图像处理[M]. 北京：电子工业出版社，2020.

[15] Scharcanski J, Celebi M E. Computer Vision Techniques for the Diagnosis of Skin Cancer[M]. Springer Berlin Heidelberg, 2014:109-137.

[16] Argenziano G, Soyer H P, Giorgi V D, et al. Interactive atlas of dermoscopy[M], EDRA Medical Publishing (http://www.dermoscopy.org),2000.

[17] Celebi M E, Kingravi H A, Uddin B, et al. A methodological approach to the classification of dermoscopy images[J]. Computerized Medical Imaging and Graphics, 2007, 31: 362-373.

[18] Li Y, Xie F, Jiang Z, et al. Pattern classification for dermoscopic images based on structure textons and bag-of-features model[M]//Image and Graphics. Springer, Cham, 2015: 34-45.

[19] Xie F, Fan H, Li Y, et al. Melanoma classification on dermoscopy images using a neural network ensemble model[J]. IEEE transactions on medical imaging, 2016, 36(3): 849-858.

[20] He Y, Xie F. Automatic skin lesion segmentation based on texture analysis and supervised learning[C]. Asian Conference on Computer Vision. Springer, Berlin, Heidelberg, 2012: 330-341.

[21] Xie F, Wu Y, Li Y, et al. Adaptive segmentation based on multi-classification model for dermoscopy images[J]. Frontiers of Computer Science, 2015, 9(5): 720-728.

第 6 章
皮肤镜图像的分类识别方法

图像数据经过滤波、增强或复原、分割等处理后,即可将目标物(感兴趣)区域从背景中分离出来,进入目标物分类识别阶段。分类方法有很多种,但每一种都有其优缺点及使用范围,要根据实际需求选择合适的分类方法及相应的特征。本章首先介绍图像识别系统及学习与分类,在此基础上介绍皮肤镜图像常用的分类方法,包括人工神经元网络、支持向量机和 Adaboost 算法等。这些方法将用于后续皮损目标良恶性识别。

6.1 图像识别系统

图像中的每一个对象都有一种模式,图像识别的问题就是模式识别的问题。简单地说,图像识别就是把图像中的研究对象根据其某些特征进行识别并分类。图像识别系统如图 6-1 所示,对输入的图像数据进行预处理以提高图像的质量,然后分割图像以提取出感兴趣的目标区域,最后对目标物进行特征提取,并选择合适的方法进行分类。下面分别对各个部分做简要介绍。

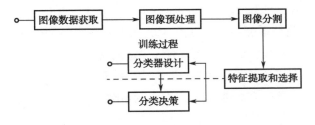

图 6-1 图像识别系统

1. 图像数据获取

图像数据获取是通过图像输入设备实现的,常用的图像输入设备有电视摄像机、扫描仪等,它将景象光学灰度信号转换为模拟信号,并经过 A/D 变换为数字图像信号。目前常用的数码成像设备如数码相机和数码摄像头等,是直接将 A/D 转换器集成在成像设备上。

2．图像预处理

由于在原始图像信号中经常存在噪声和畸变,要进行预处理,包括平滑、滤波、增强、复原等,以便提高图像质量,为后续的图像分割和识别做准备。

3．图像分割

图像分割是将图像中感兴趣的区域或目标提取出来,如边缘检测、阈值分割、聚类分割、活动轮廓分割等。在识别分类系统中,图像分割是为后续的特征提取和识别做准备,图像分割的好坏直接影响分类结果。

4．特征提取和选择

从数学上讲,特征提取相当于把一个物理模式变成一个随机向量,如果抽取和选择了 m 个特征,则此物理模式可用一个 m 维特征向量描述,表现为 m 维欧式空间中的一个点。m 维特征向量表示为

$$\boldsymbol{x} = (x_1, x_2, \cdots, x_m)^{\mathrm{T}} \qquad (6.1)$$

在本书第 5 章中介绍了图像的各种描述方法,包括颜色、纹理和形状等。这些描述即是图像识别阶段的特征描述,在识别阶段这个过程称为特征的形成,得到的特征称为原始特征。原始特征的数量可能很大,或者说样本是处于一个高维空间中,通过映射(或变换)的方法可以用低维空间来表示样本,这个过程称为特征提取。映射后的特征称为二次特征,它们是原始特征的某种组合(通常是线性组合)。所谓特征提取在广义上就是指一种变换。若 Y 是测量空间,X 是特征空间,则变换 $A: Y \rightarrow X$ 就称为特征提取器。还有一种方式就是从原始特征中挑选一些最有代表性的特征,这就是特征选择。最简单的特征选择方法是根据专家的知识挑选那些对分类最有影响的特征,另一个可能则是用数学的方法进行筛选比较,找出最有分类信息的特征。

5．分类决策

分类决策就是在特征空间中用统计或学习的方法把被识别对象归为某一类别。基本做法是在样本训练集上确定某个判决规则,使按这种判决规则对被识别对象进行分类所造成的错误识别率最小或引起的损失最小。也就是说,模式识别的任务就是做出最优决策。

6.2 学习与分类

6.2.1 机器学习的基本模型

图像识别属于模式识别范畴，而模式识别问题是一种典型的机器学习问题。一个典型的机器学习系统可以用图 6-2 来表示，其中，系统 S 是我们研究的对象，它在给定一个输入 x 的情况下，得到一定的输出 y，LM 是我们所求的学习机，其输出为 $\hat{y}$。机器学习的目的是根据给定的训练样本求取系统输入、输出之间依赖关系的估计，使它能够对未知的输出做出尽可能准确的预测。

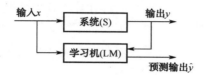

图 6-2 机器学习的基本模型系统

机器学习问题可以形式化地表示为：已知变量 y 与输入 x 之间存在一定的未知依赖关系，即存在一个未知的映射 $F(x,y)$，x 和 y 之间的确定性关系可以看作一个特例，机器学习就是根据 n 个独立同分布的观测样本，即

$$(x_1,y_1), (x_2,y_2), \cdots, (x_n,y_n) \quad (6.2)$$

在一组函数 $\{f(x,w)\}$ 中求一个最优的函数 $f(x,w_0)$，使预测的期望风险

$$R(W) = \int L(y, f(x,w)) \mathrm{d}F(x,y) \quad (6.3)$$

最小。其中，$\{f(x,w)\}$ 被称为预测函数集，$w \in \Omega$ 为函数的广义参数，故 $\{f(x,w)\}$ 可以表示任何函数集；$L(y,f(x,w))$ 为由于用 $f(x,w)$ 对 y 进行预测而造成的损失。不同类型的学习问题有不同形式的损失函数。预测函数也称为学习函数、学习模型或学习机器。

对于模式识别问题，系统输出就是类别标号。在两类情况下，$y=\{0,1\}$ 或 $\{-1,1\}$ 是二值函数。这时预测函数称为指示函数，也称为判别函数。模式识别问题中损失函数的基本定义可以是

$$L(y,f(x,w)) = \begin{cases} 0, & \text{if } y = f(x,w) \\ 1, & \text{if } y \neq f(x,w) \end{cases} \quad (6.4)$$

在这个损失函数定义下使期望风险最小的模式识别方法就是贝叶斯决策。当然我们也可以根据需要定义其他的损失函数，得到其他的决策方法。

6.2.2 监督学习

分类器是一种机器学习程序，其设计目标是通过自动学习后，可自动将数据分到已知类别。分类器的实质为数学模型，针对模型的不同，目前有多种分支，包括 Bayes 分类器、BP 神经网络分类器、决策树算法、SVM（支持向量机）算法等。

监督学习是利用一组已知类别的样本调整分类器的参数，使其达到所要求性能的过程，也称为监督训练或有教师学习。正如人们通过已知病例学习诊断技术那样，计算机要通过学习才能具有识别各种事物和现象的能力。用来进行学习的材料就是与被识别对象属于同类的有限数量样本。监督学习中在给予计算机学习样本的同时，还告诉计算机各个样本所属的类别。若所给的学习样本不带有类别信息，就是无监督学习。任何一种学习都有一定的目的，对于模式识别来说，就是要通过有限数量样本的学习，使分类器在对无限多个模式进行分类时产生错误的概率最小。

不同设计方法的分类器有不同的学习算法。对于贝叶斯分类器来说，就是用学习样本估计特征向量的类条件概率密度函数。在已知类条件概率密度函数形式的条件下，用给定的独立和随机获取的样本集，根据最大似然法或贝叶斯学习估计出类条件概率密度函数的参数。例如，假定模式的特征向量服从正态分布，样本的平均特征向量和样本协方差矩阵就是正态分布的均值向量和协方差矩阵的最大似然估计。在类条件概率密度函数的形式未知的情况下，有各种非参数方法，用学习样本对类条件概率密度函数进行估计。在分类决策规则用判别函数表示的一般情况下，可以确定一个学习目标，例如，使分类器对所给样本进行分类的结果尽可能与"教师"所给的类别一致，然后用迭代优化算法求取判别函数中的参数值。

6.3 人工神经元网络

人工神经元网络模拟生物神经网络，其模型、拓扑关系、学习与训练算法等都建立在对生物神经元系统的研究之上，具有高度的并行性、非线性全局作用，适合于解决分类问题，被广泛地应用于图像识别领域。

6.3.1 基本原理

人工神经元模型的种类繁多，在此只介绍工程上常用的最简单模型，如图 6-3（a）所示。

图 6-3 中的 n 个输入 $x_i \in R$，是其他神经元的输出值，n 个权值 $w_i \in R$，为连接强度，f 是一个非线性函数，如阈值函数或 Sigmoid 函数，如图 6-3（b）、图 6-3（c）所示。

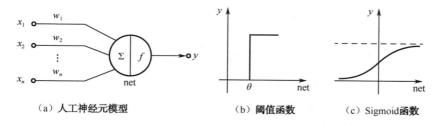

（a）人工神经元模型　　（b）阈值函数　　（c）Sigmoid 函数

图 6-3　人工神经元模型与两种常见的输出函数

神经元的动作如下：

$$\text{net} = \sum_{i=1}^{n} w_i x_i \qquad (6.5)$$

$$y = f(\text{net}) \qquad (6.6)$$

当 f 为阈值函数时，其输出为

$$y = \text{sgn}\left(\sum_{i=1}^{n} w_i x_i - \theta\right) \qquad (6.7)$$

其中，θ 是阈值。为使式子更为简约，我们设阈值为

$$\theta = -w_0 \qquad (6.8)$$

$$\boldsymbol{w} = (w_0, w_1, w_2, \cdots, w_n)^{\text{T}} \qquad (6.9)$$

$$\boldsymbol{x} = (1, x_1, x_2, \cdots, x_n)^{\text{T}} \qquad (6.10)$$

则

$$y = \text{sgn}(\boldsymbol{w}^{\text{T}} \boldsymbol{x}) \qquad (6.11)$$

或

$$y = f(\boldsymbol{w}^{\text{T}} \boldsymbol{x}) \qquad (6.12)$$

这样的表达式可以将阈值合并到权向量中处理。

人工神经网络是由大量简单处理单元以某种方式相互连接，对连续的输入做出状态响应的动态信息处理系统。从神经元连接方式的角度，人工神经元网络可以分为前馈神经网络、反馈神经网络、层内互联神经网络、全互联神经网络，结构如图 6-4 所示。

按照学习方式的不同，神经网络可分为监督学习神经网络和非监督学习神经网络两种。神经网络与模式识别有着密切的联系。典型的监督学习神经网络如 BP 网、多层感知器等已经用于模式识别的分类：先利用已知分类结果的样本对网络进行训练，然后利用学习过的网络对新的样本进行分类。非监督学习神经网络采用无导师学习方式，自动地揭示数据的内部结构，这与模式识别中的聚类分析是一致的。

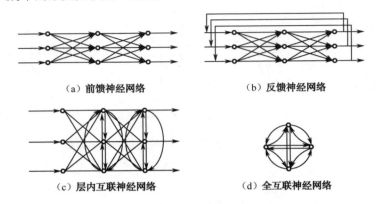

图 6-4　神经网络结构模型

6.3.2　BP 神经网络

BP 神经网络是应用最为广泛的一类前馈型的多层神经网络，输入层与输出层之间包括若干隐层，且以单向前馈方式形成耦合关系，同层神经元之间不存在相互连接，图 6-5 是含一个隐层的简单 BP 网络模型。根据 BP 学习算法，当给定网络的一个输入模式时，它由输入层单元送到隐层单元，经隐层单元逐层处理后再送到输出层单元，由输出层单元处理之后得到一个输出模式，因此称为前馈型组织结构。如果输出响应与期望输出模式之间有误差，且不满足要求，则通过误差的反向传播实现权值的修正和优化。

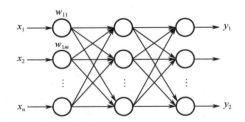

图 6-5　三层 BP 网络模型

假设以梯度下降法对 BP 神经网络进行训练，则当对第 l 个输入样本（ $l=1,2,\cdots,N$ ）进行训练时，BP 神经网络学习过程如下。

步骤 1：确定参数。

（1）确定输入向量 x、输出向量 y、期望输出向量 o 和隐含层输出向量 b。

输入向量 $\boldsymbol{x}$、输出向量 $\boldsymbol{y}$、期望输出向量 $\boldsymbol{o}$ 和隐含层输出向量 $\boldsymbol{b}$ 分别表示为

$\boldsymbol{x} = (x_1, x_2, \cdots, x_n)^{\mathrm{T}}$，$n$ 是输入层单元个数

$\boldsymbol{y} = (y_1, y_2, \cdots, y_q)^{\mathrm{T}}$，$q$ 是输出层单元个数

$\boldsymbol{o} = (o_1, o_2, \cdots, o_q)^{\mathrm{T}}$

$\boldsymbol{b} = (b_1, b_2, \cdots, b_p)^{\mathrm{T}}$，$p$ 是隐含层单元个数

（2）初始化输入层至隐含层的连接权值为

$$\boldsymbol{w}_j = (w_{j1}, w_{j2}, \cdots, w_{jn})^{\mathrm{T}}, \quad j = 1, 2, \cdots, p$$

（3）初始化隐含层至输出层的连接权值为

$$\boldsymbol{v}_k = (v_{k1}, v_{k2}, \cdots, v_{kp})^{\mathrm{T}}, \quad k = 1, 2, \cdots, q$$

步骤 2：输入模式顺传播。

这一过程主要是利用输入模式求出它所对应的实际输出。

（1）计算隐含层各神经元的激活值为

$$s_j = \sum_{i=1}^{n} w_{ji} x_i - \theta_j, \quad j = 1, 2, \cdots, p \tag{6.13}$$

式中，w_{ji} 是输入层到隐含层的连接权；θ_j 是隐含层单元的阈值。激活函数采用式（6.14）的 S 型函数。

$$f(x) = \frac{1}{1 + \mathrm{e}^{-ax}}, \quad 0 < f(x) < 1 \tag{6.14}$$

（2）计算隐含层 j 单元的输出值。将上面的激活值代入激活函数中，可得隐含层 j 单元的输出值为

$$b_j = f(s_j) = \frac{1}{1 + \exp\left(-\sum_{i=1}^{n} w_{ji} x_i + \theta_j\right)}, \quad j = 1, 2, \cdots, p \tag{6.15}$$

阈值 θ_j 在学习过程中和权值一样也在不断地被修正。

（3）计算输出层第 k 个单元的激活值为

$$s_k = \sum_{j=1}^{p} v_{kj} b_j - \theta_k, \quad k = 1, 2, \cdots, q \tag{6.16}$$

式中，v_{kj} 是隐含层到输出层的权值；θ_k 是输出层单元阈值。

（4）计算输出层第 k 个单元的实际输出值为

$$y_k = f(s_k) = \frac{1}{1 + \exp\left(-\sum_{j=1}^{p} v_{kj} b_j + \theta_k\right)}, \quad k = 1, 2, \cdots, q \tag{6.17}$$

步骤 3：输出误差的逆传播。

在模式顺传播计算中我们得到了网络的实际输出值，当这些实际的输出值与期望的输出值误差大于所限定的数值时，就要对网络进行修正。这里的修正是从后向前进行的，所以称为误差逆传播，计算时从输出层到隐含层，再从隐含层到输入层。

（1）输出层的修正误差为

$$d_k = (o_k - y_k)y_k(1-y_k), \quad k = 1,2,\cdots,q \qquad (6.18)$$

式中，y_k 是实际输出；o_k 是期望输出。

（2）隐含层各单元的修正误差为

$$e_j = \left[\sum_{k=1}^{q} v_{kj} d_k\right] b_j(1-b_j), \quad j = 1,2,\cdots,p \qquad (6.19)$$

（3）对于输出层到隐含层连接权和输出层阈值的修正量为

$$\Delta v_{kj} = \alpha d_k b_j \qquad (6.20)$$

$$\Delta \theta_k = \alpha d_k \qquad (6.21)$$

式中，b_j 是隐含层 j 单元的输出；d_k 是输出层的修正误差；α 是大于 0 小于 1 的学习系数。

（4）隐含层到输入层的修正量为

$$\Delta w_{ji} = \beta e_j x_i \qquad (6.22)$$

$$\Delta \theta_j = \beta e_j \qquad (6.23)$$

式中，e_j 是隐含层 j 单元的修正误差；β 是大于 0 小于 1 的学习系数。

步骤 4：循环记忆训练。

为使网络的输出误差趋于极小值，对于 BP 神经网络输入的每一组训练模式，一般要经过数百次甚至上万次的循环记忆训练，才能使网络记住这一模式。这种循环记忆训练实际上就是多次重复上面介绍的输入模式。

步骤 5：学习结果的判别。

当每次循环记忆训练结束后，都要进行学习结果的判别。判别的目的主要是检查输出误差是否已经小到允许的程度。如果是，就可以结束整个学习过程，否则还要继续循环训练。

6.3.3　模糊神经网络

神经技术以生物神经网络为模拟基础，试图在模拟推理及自动学习等方面向前发展一步，使人工智能更接近人脑的自组织和并行处理等功能，它在模式识别、聚类分析和专家系统等多方面已显示出了新的前景和新的思路。

模糊技术则以模糊逻辑为基础，抓住了人类思维中的模糊性特点，以模仿人的模糊综合判断推理来处理常规方法难以解决的模糊信息处理难题，使计算机应用扩大到人文、社会和心理等领域。模糊神经网络融合了模糊逻辑和神经网络的优点，既能表示定性知识，又具有自学习和处理定量数据的能力，因而获得了广泛的应用。

模糊神经网络具有多种类型，与一般模式神经网络相类似，通常，我们将最基本的神经网络划分为前向型模糊神经网络和反馈型模糊神经网络两大类。典型模糊前向神经网络的结构如图 6-6 所示。

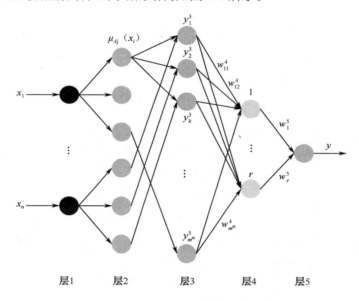

图 6-6　典型模糊前向型神经网络的结构

第一层为输入层，该层的各个节点直接与输入向量的各分量 x_i 连接，它起着将输入值 $\boldsymbol{x}=(x_1,x_2,\cdots,x_n)^\mathrm{T}$ 传送到下一层的作用，该层的节点数为 $N_1=n$。

第二层为模糊化层，实现输入变量的模糊化（即隶属度划分）。隶属度通常采用高斯函数、三角函数、梯形函数作为隶属函数。较复杂的参量函数如样条函数乃至神经网络的隶属函数也都能作为输入隶属函数进行同样的调整。假设采用高斯函数作为隶属函数，且每个输入分量均划分为 m 个模糊度，则第 i 个分量的第 j 个隶属函数为

$$\mu_{A_j}(x_i)=\mathrm{e}^{-\left(\frac{x_i-a_i^j}{b_i^j}\right)^2},\quad i=1,2,\cdots,n,\ j=1,2,\cdots,m \qquad (6.24)$$

式中，a_i^j、b_i^j 是高斯函数的中心和宽度。

图 6-7 是一个模糊函数的示例，该函数具有 3 个模糊度划分的高斯函数。模糊化层节点的输出是各输入分量 x_i 的各个模糊度的隶属函数值，即 $y_{ij}^2 = \mu_{A_j}(x_i)$，当每个输入分量划分为 m 个模糊度时，第二层的节点数为 $N_2 = m \times n$ 个。

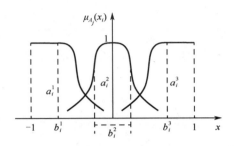

图 6-7　高斯模糊隶属函数

第三层为规则层，也称求"与"层，用来存放模糊规则。该层与第二层的连接不为全互连，每个节点的连接与 If($x_1 = A_1^j, x_2 = A_2^j, \cdots, x_n = A_n^j$) Then… (A_i^j 为输入分量 x_i 的某一个模糊集合) 这样一条规则相对应，这样的连接不会重复，假设每个分量统一划分为 3 个模糊度，则该层有 3^n 个节点，也就是有 3^n 条规则。该层每一个节点代表一个可能的模糊规则的 If 部分。每个节点内实现最小化，即模糊与（"AND"）操作，通常的模糊与（"AND"）操作就是将一条规则中所有输入变量的隶属度的最小值作为前件部（If 部分）的隶属度（即规则的强度），用来匹配模糊规则的前件，计算出每条规则的适用度（即激活度），该层节点的输出为

$$y_k^3 = \min\{\mu_{A_j^k}(x_1), \mu_{A_j^k}(x_2), \cdots, \mu_{A_j^k}(x_n)\}, \quad k = 1, 2, \cdots, m^n \quad (6.25)$$

第四层为求"或"层，每个节点分别为输出变量的一个模糊度划分（即模糊集合），代表一个可能的模糊规则的 Then 部分。它们所完成的操作是把具有相同后件的模糊规则组合起来，即每个节点内实现最大化（模糊"或"操作），通常的模糊"或"操作就是将后件为输出变量的同一个模糊集合的各个规则前件与其连接权值乘积的最大值作为输出变量的该模糊集合的隶属函数值。该层节点的输出为

$$y_l^4 = \max\{w_{lk}^4 y_k^3\}, \quad k = 1, 2, \cdots, m^n, \quad l = 1, 2, \cdots r \quad (6.26)$$

其中，w_{lk}^4 为每个连接权值，它代表了各条模糊规则的置信度，该值在训练过程中可以调整。

第五层为去模糊化层，也就是将模糊规则推理得到的输出变量的各个模糊集合的隶属度值（即第四层各个节点的输出），转换为输出变量的精确数值。常采用的是面积重心法。在多输入、单输出系统中，该层的节点数为 1，其输出为 y，即

$$y = \frac{\sum_{l=1}^{r}(w_l^5 \cdot y_l^4)}{\sum_{l=1}^{r} y_l^4} \quad (6.27)$$

这里，w_l^5 是第四层中节点 l 所代表的输出变量 y_l^4 的一个模糊集合的隶属函数的重心，在训练过程中可以调整。

根据以上定义的模糊神经网络各层节点的操作，下面推导出针对这种模糊神经网络的误差反向传播学习算法（即 FBP 算法）来修正网络的可调参数。定义 FBP 算法的目标函数为

$$E = \frac{1}{2}(y^d - y)^2 \quad (6.28)$$

式中，y^d 为教师信号。

根据 FBP 算法，误差信号将由第五层向第二层依次反向传递。

1. 去模糊化层

Delta 值为

$$\delta^5 = \frac{-\partial E}{\partial y} = y^d - y \quad (6.29)$$

根据梯度下降法，有

$$\Delta w_l^5 = \frac{-\partial E}{\partial w_l^5} = \frac{-\partial E}{\partial y} \cdot \frac{\partial y}{\partial w_l^5} = \delta^5 \cdot \frac{y_l^4}{\sum_{k=1}^{r} y_k^4}, \quad l = 1, 2, \cdots, r \quad (6.30)$$

权值调整算法为

$$w_l^5(t+1) = w_k^5(t) + \eta_5 \cdot \Delta w_l^5, \quad l = 1, 2, \cdots, r \quad (6.31)$$

2. 求"或"层

Delta 值为

$$\delta_l^4 = \frac{-\partial E}{\partial y} \cdot \frac{\partial y}{\partial y_l^4} = (y^d - y) \cdot \frac{w_l^5 - y}{\sum_{k=1}^{r} y_k^4}, \quad l = 1, 2, \cdots, r \quad (6.32)$$

根据梯度下降法，有

$$\Delta w_{lk}^4 = \frac{-\partial E}{\partial w_{lk}^4} = \frac{-\partial E}{\partial y} \cdot \frac{\partial y}{\partial y_l^4} \cdot \frac{\partial y_l^4}{\partial w_{lk}^4} = \delta_l^4 \cdot \begin{cases} y_k^3, & \text{当 } w_{lk}^4 \cdot y_k^3 = \text{MAX}_l \\ 0, & \text{其他} \end{cases} \quad (6.33)$$

权值调整算法，为

$$w_{lk}^4(t+1) = w_{lk}^4(t) + \eta_4 \cdot \Delta w_{lk}^4, \quad l=1,2,\cdots,r, \ k=1,2,\cdots,m^n \quad (6.34)$$

3. 求"与"层

Delta 值为

$$\delta_k^3 = \frac{-\partial E}{\partial y} \cdot \frac{\partial y}{\partial y_l^4} \cdot \frac{\partial y_l^4}{\partial y_k^3} = (y^d - y) \cdot \frac{w_l^5 - y}{\sum\limits_{l=1}^{r} y_l^4} \cdot \begin{cases} w_{lk}^4, & \text{当 } w_{lk}^4 \cdot y_k^3 = \text{MAX}_l \\ 0, & \text{其他} \end{cases} \quad (6.35)$$

该层没有需要调整的参数，因此我们直接进入隶属函数层的参数调整。

4. 模糊化层

Delta 值为

$$\delta_{ij}^2 = \frac{-\partial E}{\partial y} \cdot \frac{\partial y}{\partial y_l^4} \cdot \frac{\partial y_l^4}{\partial y_k^3} \cdot \frac{\partial y_k^3}{\partial y_{ij}^2} = (y^d - y) \cdot \frac{w_l^5 - y}{\sum\limits_{l=1}^{r} y_l^4} \cdot w_{lk}^4 \cdot h_{ij}^k \quad (6.36)$$

其中，$h_{ij}^k = \begin{cases} 1, & \text{当 } w_{lk}^4 \cdot y_k^3 = \text{MAX}_l \text{ 且 } y_k^3 = \min\{\mu_{A_j^k}(x_i)\}, \quad j=1,\cdots,m, \ i=1,\cdots,n \\ 0, & \text{其他} \end{cases}$

根据梯度下降法，有

$$\Delta a_i^j = \frac{-\partial E}{\partial y} \cdot \frac{\partial y}{\partial y_l^4} \cdot \frac{\partial y_l^4}{\partial y_k^3} \cdot \frac{\partial y_k^3}{\partial y_{ij}^2} \cdot \frac{\partial y_{ij}^2}{\partial a_i^j} = \delta_{ij}^2 \cdot \text{sgn}(x - a_i^j) \cdot \frac{2}{b_i^j} \quad (6.37)$$

$$\Delta b_i^j = \frac{-\partial E}{\partial y} \cdot \frac{\partial y}{\partial y_l^4} \cdot \frac{\partial y_l^4}{\partial y_k^3} \cdot \frac{\partial y_k^3}{\partial y_{ij}^2} \cdot \frac{\partial y_{ij}^2}{\partial b_i^j} = \delta_{ij}^2 \cdot \frac{2|x - a_i^j|}{[b_i^j]^2} \quad (6.38)$$

权值调整算法为

$$a_i^j(t+1) = a_i^j(t) + \eta_2 \cdot \Delta a_i^j, \quad i=1,2,\cdots,n, \ j=1,2,\cdots,m \quad (6.39)$$

$$b_i^j(t+1) = b_i^j(t) + \eta_2 \cdot \Delta b_i^j, \quad i=1,2,\cdots,n, \ j=1,2,\cdots,m \quad (6.40)$$

其中，η_5、η_4、η_2 分别为 w_l^5、w_{lk}^4、a_i^j 和 b_i^j 的学习率，t 为离散时间变量。

根据上述推理过程，我们可用以下步骤来调整 a_i^j、b_i^j、w_{lk}^4 和 w_l^5 4 个参数变量，即模糊神经网络学习算法。

步骤 1：初始化各个参数，包括 a_i^j、b_i^j、w_{lk}^4 和 w_l^5。

步骤 2：输入训练数据 $(x_1, x_2, \cdots, x_n; y^d)$。

步骤 3：根据式（6.24）~式（6.27），计算出每一推理规则的隶属度 $\mu_{A_j}(x_i)$ 及每一层的输出 y_k^3、y_l^4 和 y。

步骤 4：根据式（6.30）、式（6.33）、式（6.37）和式（6.38），计算各个参数的修正误差 Δw_l^5、Δw_{lk}^4、Δa_i^j 和 Δb_i^j 等参数的修正误差。

步骤 5：根据式（6.39）、式（6.40）、式（6.31）和式（6.34），对 a_i^j、b_i^j、w_{lk}^4 和 w_l^5 等参数进行调整。

步骤 6：计算目标函数 $E = \frac{1}{2}(y^d - y)^2$，重复步骤 2~步骤 5，直到 $\Delta E = E(t+1) - E(t)$ 小于一个定义的极限值。

6.3.4 组合神经网络

自 20 世纪中叶以来，神经网络技术的研究工作几经浮沉逐步走向成熟，成为最主流的机器学习工具，并走向实际应用。但随着研究的深入，神经网络也逐渐暴露了一些不足，如缺乏严密的理论体系，使用者的经验对应用效果影响过大，训练过程会遇到局部最小、过拟合导致泛化性能下降等。Hansen 和 Salamon 首先证明可以简单地通过训练多个神经网络，并将其结果进行回归合成，以显著地提高神经网络系统的泛化能力。1996 年，Sollieh 和 Krogh 提出了广为接受的神经网络集成的定义：神经网络集成是用有限个神经网络对同一个问题进行学习，集成在某输入示例下的输出由构成集成的各神经网络在该示例的输出共同决定。

与单一神经网络相比，组合式神经网络分类器是按一定的法则集成了多个相互独立的神经网络分类器而形成的，其性能和分类精度要比参与集成的每一单个独立分类器好得多，主要优点在于：

① 组合式神经网络分类器能够有效地处理高维特征，特别是能够灵活处理不同类型、不同规模的特征；

② 组合式神经网络分类器并不需要每个已训练网络都达到最优，组合神经网络设计比较简单，因此也简化了整个神经网络的设计难度；

③ 组合式神经网络分类器融合了多个已训练网络的分类结果，因而比其中的任何一个单一网络都具有更好的推广能力；

④ 由并行的多个已训练网络构成的组合式神经网络分类器，即使其中的一个或几个网络失效，也能给出正确的分类结果，因而具有更好的稳定性；

⑤ 能有效地降低分类器的时间和空间复杂度；

⑥ 特别适合于并行处理。

1. 组合式神经网络模型

图 6-8 是一个具有并联结构的组合式神经网络拓扑图。组合式神经网络

是由一些相对独立的子神经网络组合而成，其中各个子神经网络的模型参数可以并行独立训练，整个组合式神经网络的总输出 $\tilde{y}$ 是各个单一神经网络输出 $y_j(j=1,2,\cdots,p)$ 的加权和，即

$$\tilde{y} = \sum_{j=1}^{p} \alpha_j y_j(\boldsymbol{x}) \tag{6.41}$$

其中，$\boldsymbol{x}$ 为输入数据，α_j 为第 j 个子网的权重。

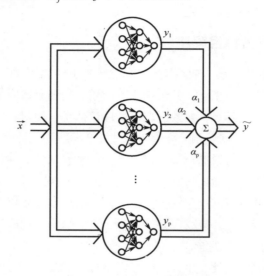

图 6-8　组合式神经网络拓扑图

2．组合式神经网络的实现

1）个体生成方式

显而易见，如果一组神经网络的泛化能力完全相同，那么将这些网络组合的神经网络模型将不会有任何作用。通常神经网络间的差异存在于它们的权值、训练的时间甚至它们的结构，如隐层单元个数等方面。通过对不同参数的各种设定可以得到推广性不同的网络，这些参数通常包括初始权值、训练数据、网络结构和训练算法。针对组合式神经网络模型中个体网络模型的设计，已经有很多方法可以实现，其中最重要的技术是 Bagging 法和 Boosting 法。

（1）Bagging 法。

Bagging 法的基本思想是：从原始训练集中随机产生不同子集，然后用这些不同的子集来训练不同的个体神经网络。有些数据可能在训练过程中被重复利用，而有些数据则可能一直没用到。如果由于给训练集数据一个扰动

而使组合模型构建产生明显变化,如神经网络、决策树和线性回归,则此时的 Bagging 法可以明显改善组合模型的泛化能力。

（2）Boosting 法。

在用 Boosting 法构建组合式神经网络模型时,各个体网络的训练集决定于在其之前产生的个体网络的表现,被已有网络错误判断的示例将以较大的概率出现在新个体网络的训练集中。这样,新个体网络将能够很好地处理对已有个体网络来说很困难的示例。另一方面,虽然 Boosting 法能够增强神经网络组合模型的泛化能力,但同时也有可能使该组合模型过分偏向于某几个特别困难的示例。因此,该方法不太稳定,有时能起到很好的作用,有时却没有效果。1995 年,Freund 和 Schapire 提出了 AdaBoost（Adaptive Boost）算法,该算法无须事先知道弱学习算法学习正确率的下限,可以非常容易地应用到实际问题中,成为目前最流行的 Boosting 算法。

2）结论生成方式

组合式神经网络的结论生成是通过整合每个子神经网络的输出来完成的,即所谓的多神经网络融合问题。常用的结论生成方法主要包括平均值法、投票法、Bayes 方法、模糊积分法、进化寻优法和神经网络法等。

当组合式神经网络模型用于分类时,投票机制比较常用。通常采用的方法有绝对多数投票法（某分类成为最终结果,当且仅当超过半数的神经网络输出结果为该类）和相对多数投票法（某分类成为最终结果,当且仅当输出结果为该类的神经网络数目最多）。理论和实践表明,相对多数投票法明显优于绝对多数投票法。

6.4 支持向量机

传统的统计模式识别方法只有在样本趋向无穷大时,其性能才有理论的保证。统计学习理论是研究有限样本情况下的机器学习问题。支持向量机（Support Vector Machine,SVM）的理论基础就是统计学习理论,它在解决小样本情况下的机器学习问题和高维、非线性问题中表现出较为优异的效果。SVM 方法是基于线性可分的最优分类面提出的,最优分类面的定义保证了在样本一定的情况下,两类样本间的距离最大。

6.4.1 最优分类面

SVM 是从线性可分情况下的最优分类面发展而来的,基本思想可用

图 6-9 的二维情况来说明。在图 6-9 中，三角形点和圆形点代表两类样本，H 为分类线，H_1、H_2 分别为过这两类点中离分类线最近的点且平行于分类线的直线，这两条直线之间的距离称为分类间隔（margin）。所谓最优分类线就是要求分类线不但能将两类正确分开，而且使分类间隔最大。有很多可能的线性分类器可以把这组数据分割开，但是只有一个使两类的分类间隔最大，即图 6-9 中的 H，这个线性分类器就是最优分类超平面，与其他分类器相比，具有更好的泛化性。推广到高维空间，最优分类线就变为最优分类平面。

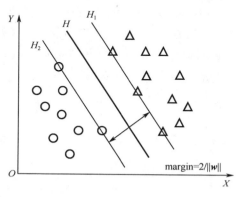

图 6-9 最优分类超平面示意图

设线性可分样本集为 (x_i, y_i)，$i = 1, \cdots, n$，$x \in R^d$，$y \in \{+1, -1\}$ 是类别标号。d 维空间中线性判别函数的一般形式为 $g(x) = w^T x + b$，分类面方程为

$$w^T x + b = 0 \tag{6.42}$$

我们将判别函数进行归一化，使两类所有样本都满足 $|g(x)| \geq 1$，即使离分类面最近的样本的 $|g(x)| = 1$，这样分类间隔就等于 $2/\|w\|$，因此使间隔最大等价于使 $\|w\|$（或 $\|w\|^2$）最小。而要求分类线对所有样本正确分类，就是要求它满足

$$y_i(w^T x_i + b) - 1 \geq 0, \quad i = 1, 2, \cdots, n \tag{6.43}$$

因此，满足上述条件且使 $\|w\|^2$ 最小的分类面就是最优分类面。过两类样本中离分类面最近的点且平行于最优分类面的超平面 H_1、H_2 上的训练样本就是式（6.43）中使等号成立的那些样本，因为它们支撑了最优分类面，因此称它们为支持向量（Support Vectors）。

下面来看如何求最优分类面。根据上面的讨论，最优分类面问题可以表示成如下的约束优化问题，即在条件（6.43）的约束下，求函数

$$\phi(w) = \frac{1}{2} \|w\|^2 = \frac{1}{2}(w^T w) \tag{6.44}$$

的最小值。为此，可以定义如下的 Lagrange 函数，即

$$L(\boldsymbol{w},\boldsymbol{\alpha},b)=\frac{1}{2}(\boldsymbol{w}^\mathrm{T}\boldsymbol{w})-\sum_{i=1}^{n}\alpha_i[y_i(\boldsymbol{w}^\mathrm{T}\boldsymbol{x}_i+b)-1] \qquad (6.45)$$

其中，$\alpha_i>0$ 为 Lagrange 系数，现在的问题是对 $\boldsymbol{w}$ 和 b 求 Lagrange 函数的极小值。

把式（6.45）分别对 $\boldsymbol{w}$ 和 b 求偏微分并令它们等于 0，就可以把原来问题转化为如下这种较简单的对偶问题。在约束条件

$$\sum_{i=1}^{n} y_i \alpha_i = 0 \qquad (6.46\mathrm{a})$$

$$\alpha_i \geq 0, \quad i=1,\cdots,n \qquad (6.46\mathrm{b})$$

之下对 α_i 求解下列函数的最大值，即

$$Q(\boldsymbol{\alpha})=\sum_{i=1}^{n}\alpha_i-\frac{1}{2}\sum_{i,j=1}^{n}\alpha_i\alpha_j y_i y_j(\boldsymbol{x}_i^\mathrm{T}\boldsymbol{x}_j) \qquad (6.47)$$

若 α_i^* 为最优解，则

$$\boldsymbol{w}^*=\sum_{i=1}^{n}\alpha_i^* y_i \boldsymbol{x}_i \qquad (6.48)$$

即最优分类面的权系数向量是训练样本向量的线性组合。

这是一个不等式约束下二次函数的极值问题，存在唯一解。根据 Karush-Kuhn-Tucker（KKT）条件，这个优化问题的解须满足

$$\alpha_i(y_i(\boldsymbol{w}^\mathrm{T}\boldsymbol{x}_i+b)-1)=0, \quad i=1,\cdots,n \qquad (6.49)$$

因此，对多数样本 α_i^* 将为零，取值不为零的 α_i^* 对应于使式（6.43）等式成立的样本，即支持向量，它们通常只是全体样本中的很少一部分。

求解上述问题后得到的最优分类函数是

$$f(\boldsymbol{x})=\mathrm{sgn}\{(\boldsymbol{w}^*)^\mathrm{T}\boldsymbol{x}+b^*\}=\mathrm{sgn}\{\boldsymbol{x}^\mathrm{T}\boldsymbol{w}^*+b^*\}=\mathrm{sgn}\left\{\sum_{i=1}^{n}\alpha_i^* y_i(\boldsymbol{x}_i^\mathrm{T}\boldsymbol{x})+b^*\right\} \qquad (6.50)$$

sgn（·）为符号函数。由于非支持向量对应的 α_i 均为零，因此，式（6.50）的求和实际上只对支持向量进行。而 b^* 是分类的阈值，可以由任意一个支持向量用式（6.43）求得（因为支持向量满足其中的等式），或通过两类中任意一对支持向量取中值求得。

6.4.2 SVM 方法

现实情况下，并不是所有的样本集合都是完全线性可分的，当训练样本中有一些特异点到分类面的间隔比 1 小，须将其硬间隔最大化修改为软间隔最大化，即引入松弛变量 $\xi_i \geq 0$，这也就意味着我们放弃对这些特异点的精

确分类,用惩罚参数 $C>0$ 来控制,则原始问题改进为

$$\min_{w,b} \frac{1}{2}\|w\|^2 + C\sum_{i=1}^{N}\xi_i$$
$$\text{s.t.} \quad y_i(w_i x_i + b) \geq 1-\xi_i, \quad i=1,2,\cdots,N \tag{6.51}$$
$$\xi_i \geq 0, \quad i=1,2,\cdots,N$$

当 C 增大时,表示对误分类的惩罚增大,其最小化目标函数要使分类间隔尽量大,同时要求分类错误的样本尽量少,C 就是起一个调节的作用。

当分类问题本身是非线性的,图 6-10 是一个线性不可分的例子。图 6-10 中圆形和三角形分别代表不同的类别,它们不可以通过直线来区分。

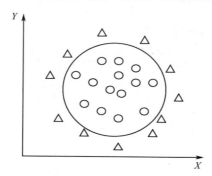

图 6-10 线性不可分的例子

线性可分的判别函数建立在欧氏距离的基础上,即 $K(\boldsymbol{x}_i,\boldsymbol{x}_j)=\boldsymbol{x}_i^\mathrm{T}\boldsymbol{x}_j$。对于非线性问题,可以把样本 $\boldsymbol{x}$ 映射到某个高维特征空间 H,并在 H 中使用线性分类器,即将 $\boldsymbol{x}$ 做变换 $\Phi: R^d \to H$,即

$$\boldsymbol{x} \to \Phi(\boldsymbol{x}) = (\phi_1(\boldsymbol{x}),\phi_2(\boldsymbol{x}),\cdots,\phi_i(\boldsymbol{x}),\cdots)^\mathrm{T} \tag{6.52}$$

式中,$\phi_i(\boldsymbol{x})$ 是实函数。

如果以特征向量 $\Phi(\boldsymbol{x})$ 代替输入向量 $\boldsymbol{x}$,则由式(6.47)和式(6.50)可以得到

$$Q(\alpha) = \sum_{i=1}^{n}\alpha_i - \frac{1}{2}\sum_{i,j=1}^{n}\alpha_i\alpha_j y_i y_j[\Phi(\boldsymbol{x}_i)^\mathrm{T}\Phi(\boldsymbol{x}_j)] \tag{6.53}$$

$$f(\boldsymbol{x}) = \mathrm{sgn}\{\Phi(\boldsymbol{x})^\mathrm{T}\boldsymbol{w}^* + b^*\} = \mathrm{sgn}\left\{\sum_{i=1}^{n}\alpha_i^* y_i[\Phi(\boldsymbol{x}_i)^\mathrm{T}\Phi(\boldsymbol{x})] + b^*\right\} \tag{6.54}$$

由上可知,不论是寻优函数式(6.47)还是分类函数式(6.50)都只涉及训练样本之间的内积 $\boldsymbol{x}_i^\mathrm{T}\boldsymbol{x}_j$。这样在高维空间中实际上只要进行内积运算,而内积运算是可以用原空间中的函数实现的,甚至没有必要知道变换的形式。根据泛函的有关理论,只要一种核函数 $K(\boldsymbol{x}_i,\boldsymbol{x}_j)$ 满足 Mercer 条件,它

就对应某一内积。

在最优分类面中采用适当的内积函数 $K(x_i, x_j)$ 就可以实现某一非线性变换后的线性分类，而计算复杂度却没有增加。此时目标函数（6.47）变为

$$Q(\alpha) = \sum_{i=1}^{n} \alpha_i - \frac{1}{2} \sum_{i,j=1}^{n} \alpha_i \alpha_j y_i y_j K(x_i, x_j) \quad (6.55)$$

而相应的分类函数式（6.50）也变为

$$f(x) = \text{sgn} \left\{ \sum_{i=1}^{n} \alpha_i^* y_i K(x_i, x) + b^* \right\} \quad (6.56)$$

算法的其他条件均不变，这就是 SVM。

SVM 的基本思想可以概括为：首先通过非线性变换将输入空间变换到一个高维空间，然后在这个新空间中寻求最优分类面，而这种非线性变换是通过定义适当的内积函数来实现的。

6.4.3 核函数的选择

SVM 中不同的核函数将形成不同的算法。比较如下常用的核函数。

$$K(x, x_i) = x^T x_i \quad (6.57)$$

$$K(x, x_i) = (x^T x_i + 1)^p \quad (6.58)$$

$$K(x, x_i) = e^{-\|x - x_i\|^2 / 2\sigma^2} \quad (6.59)$$

$$K(x, x_i) = \tanh(\kappa x^T x_i - \delta) \quad (6.60)$$

其中，式（6.57）对应于线性支持向量机（非线性支持向量机的特例）；式（6.58）为多项式核函数，对应的支持向量机在样本空间中的分界面为多项式曲线；式（6.59）为高斯径向基核函数，对应于高斯径向基分类器；式（6.60）为 Sigmoid 核函数，对应于一个两层的神经网络分类器。与传统的高斯径向基分类器相比，使用高斯径向基核函数的非线性支持向量机不仅具有良好的泛化性能，而且能在训练过程中自动确定各种参数，如中心的数目、中心的位置、权值等。同样，当使用 Sigmoid 核函数时，支持向量机也通过训练自动确定对应神经网络的结构（隐层节点数及相应权值）。需要指出的是，只有参数 κ 和 δ 取特定值时，Sigmoid 核函数才满足 Mercer 定理。

图 6-11 给出了非线性支持向量机的两个例子。图 6-11 中的黑点和圆圈是两类目标，使用的核函数为 $K(x, x_i) = (x^T x_i + 1)^3$。可以看到，对于线性可分问题（图 6-11 左图），非线性支持向量机所得到的分界面仍是近似线性的，这表明分类器的容量得到了控制，而图 6-11 右图中的线性不可分问题则被正确地分开了。

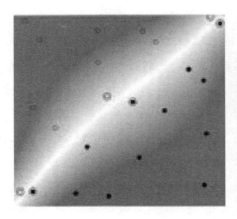 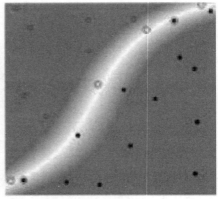

图 6-11　非线性支持向量机示例

6.5　AdaBoost 算法

AdaBoost（Adaptive Boosting）算法是 Freund 和 Schapire 在 1995 年根据在线分配算法提出的，它是一种迭代算法，其核心思想是针对同一个训练集训练不同的分类器（弱分类器），然后把这些弱分类器集合起来，构成一个更强的最终分类器（强分类器）。其算法本身是通过改变数据分布来实现的，它根据每次训练集之中每个样本的分类是否正确，以及上次的总体分类的准确率，来确定每个样本的权值，通过权值的大小来确定各个样本出现在新训练子集中的概率。将修改过权值的新数据集送给下层分类器进行训练，最后将每次训练得到的分类器融合起来，作为最后的决策分类器。

给定弱学习算法和训练集 $\{(x_1,y_1),(x_2,y_2),\cdots,(x_n,y_n)\}$。其中，$x_i$ 是输入的训练样本向量，且 $x_i \in X$，X 是训练样本集，y_i 是分类的类别标志，对于两类区分问题，$y_i \in \{-1,+1\}$。初始化权值 $D_1(x_i)=\dfrac{1}{n}, i=1,2,\cdots,n$，则 Adaboost 算法在第 t（$t=1,2,\cdots,T$）步的过程如下。

步骤 1：根据权值 D_t 训练弱分类器。

步骤 2：得到预测函数 h_t：$X \to \{-1,+1\}$。

步骤 3：求出该预测函数的错误率 $\varepsilon_t = \sum\limits_{i=1}^{n} D_t(x_i)[h(x_i) \neq y_i]$，若 $\varepsilon_t > 0.5$，则转到步骤 1，否则继续。

步骤 4：选择错误率最小的预测函数，令 $\alpha_t = \dfrac{1}{2}\ln\left(\dfrac{1-\varepsilon_t}{\varepsilon_t}\right)$，根据上述错误率更新权值，即

$$D_{t+1}(\boldsymbol{x}_i) = \frac{D_t(\boldsymbol{x}_i)}{Z_t} \times \begin{cases} e^{-\alpha_t}, & \text{若} h_t(\boldsymbol{x}_i) = y_i, \text{则} y_i h_t(\boldsymbol{x}_i) = +1 \\ e^{\alpha_t}, & \text{若} h_t(\boldsymbol{x}_i) \neq y_i, \text{则} y_i h_t(\boldsymbol{x}_i) = -1 \end{cases}$$

$$= \frac{D_t(\boldsymbol{x}_i)\exp(-\alpha_t y_i h_t(\boldsymbol{x}_i))}{Z_t}$$

其中，Z_t 是使 $\sum_{i=1}^{n} D_{t+1}(\boldsymbol{x}_i) = 1$ 的归一化因子。

步骤 5：输出最终结果 $H(\boldsymbol{x}) = sign\left[\sum_{t=1}^{T} \alpha_t h_t(\boldsymbol{x})\right]$。

从 AdaBoost 算法的迭代过程可以看出，其核心思想是每一次迭代过程在当前的概率分布上找到一个具有最小错误率的弱分类器，然后调整概率分布，增大当前弱分类器分类错误样本的概率值，降低当前弱分类器分类正确样本的概率值，以突出分类错误样本，使下一次迭代更加针对本次的不正确分类，即针对更"难"的样本，使得那些被错分的样本得到进一步重视。最终选取最具有分类意义的 T 个弱分类器，根据权值 α，合成一个强分类器。

本章小结

分类是图像识别系统中的最后一个环节，算法的好坏影响目标物分类识别的准确率。本章首先介绍了图像识别系统的一般过程，并从应用的角度介绍了皮肤镜图像处理中的几种常用分类方法，包括人工神经元网络、支持向量基及 Adaboost 方法等。图像分类可以是良性皮损和恶性皮损之间的分类，也可以是皮损目标和健康皮肤之间的分类。本书将在后面章节将采用这些机器学习的方法对皮损目标进行良、恶性分类识别。

本章参考文献

[1] 李阳. 皮肤镜图像的多模式分类算法研究[D]. 北京：北京航空航天大学，2016.

[2] 徐斌. 黑素瘤皮肤镜图像的特征提取与诊断识别[D]. 北京：北京航空航天大学，2008.

[3] 谢凤英. 基于计算智能的皮肤镜黑素细胞瘤图像分割与识别[D]. 北京：北京航空航天大学，2009.

[4] 张学工. 模式识别（第 3 版）[M]. 北京：清华大学出版社，2010.

[5] 谢凤英，赵丹培，李露，等. 数字图像处理及应用[M]. 北京：电子工业出版社，2016.

[6] 谢凤英，李阳，姜志国，等. 基于组合 BP 神经网络的皮肤肿瘤目标识别[J]. 中国体视学与图像分析，2015 (1): 16-21.

[7] 谢凤英，姜志国，孟如松. 黄色人种皮肤镜图像的自动分析与识别技术[J]. 中国体视学与图像分析，2016 (3): 253-262.

[8] Duda R O, Hart P E, Stork D G. Pattern Classification[M]. Wiley, 2004.

[9] Theodoridis S, Koutroumbas K. Pattern Recognition, Fourth Edition[M]. Academic Press, 2008.

[10] Alam M S. Statistical Pattern Recognition[M]. Arnold, 1999.

[11] Rafael C G, Richand E W. 数字图像处理[M]. 北京：电子工业出版社，2020.

[12] Celebi M E, Kingravi H A, Uddin B, et al. A methodological approach to the classification of dermoscopy images[J]. Computerized Medical Imaging and Graphics, 2007, 31: 362-373.

[13] Li Y, Xie F, Jiang Z, et al. Pattern classification for dermoscopic images based on structure textons and bag-of-features model[M]. Image and Graphics. Springer, Cham, 2015: 34-45.

[14] Xie F, Fan H, Li Y, et al. Melanoma classification on dermoscopy images using a neural network ensemble model[J]. IEEE transactions on medical imaging, 2016, 36(3): 849-858.

[15] Xie F, Wu Y, Li Y, et al. Adaptive segmentation based on multi-classification model for dermoscopy images[J]. Frontiers of Computer Science, 2015, 9(5): 720-728.

[16] Wu Y, Xie F, Jiang Z, et al. Automatic skin lesion segmentation based on supervised learning[C]. 2013 Seventh International Conference on Image and Graphics. IEEE, 2013: 164-169.

第 7 章
典型皮损目标的计算机辅助诊断

在皮肤肿瘤中,恶性黑色素瘤是一种恶性程度高、易转移、危险性大的皮肤首位致死性疾病,是目前研究者关注最多的一种皮肤恶性肿瘤,大多数患者在 10 年内死亡。本章介绍皮肤黑色素瘤目标的特征提取和分类识别。临床上,人工诊断恶性黑色素瘤的标准主要有 ABCD 准则、Menzies 打分法和七点检测列表法。使用计算机软件完全模拟人工诊断黑色素瘤的评判标准存在一定的困难。目前,皮肤镜黑色素瘤图像的特征描述和提取主要是以 ABCD 准则为参考依据。由于白色人种的皮肤镜图像和黄色人种的皮肤镜图像存在差异,本章分别针对白色人种和黄色人种两种皮肤镜图像进行特征提取,以这些特征数据作为输入,采用图像分类方法即可对黑色素瘤目标进行良性和恶性分类识别。

7.1 黑色素瘤的诊断标准

用计算机软件来提取黑色素瘤目标的特征是以人工诊断黑色素瘤的标准为依据的,人工诊断黑色素瘤的评判标准反映了恶性黑色素瘤区别于良性的特征。本节介绍常用的 3 种人工诊断黑色素瘤的评判标准。

7.1.1 ABCD 准则

1994 年,由 Stolz 等为了半定量描述黑色素瘤的良性、可疑或恶性,第一个制订了皮肤镜诊断黑色素瘤的 ABCD 规则法,该规则提高了色素性皮损诊断准确率,特别适用经验不足者操作。以下分别介绍 ABCD 准则的 4 个方面。

1. A(Asymmetry,不对称性)

皮损的可视区域被两条相互垂直的坐标轴分割,并在轮廓、颜色、结构等方面评价皮损区域的对称性。衡量的标准是：仅在一个轴方向上不对称，打 1 分；如果两个轴方向上都不对称，最高打 2 分。而对称轴的确定准则是：尽量使得最终的打分结果最低。一个简单的方法是检测皮损区域的各个侧面在颜色、轮廓、结构方面呈现镜面对称的特征。如果在一个或多个方面，该图沿某个轴显示出不对称性，就应该在该轴给其打 1 分。早期的恶性黑色素瘤用肉眼观察很难感觉到其非对称性，但如果在皮镜下观察，会发现其在颜色和纹理结构方面有较强的不对称性。图 7-1 给出了一个对称的实例和一个非对称的实例。

 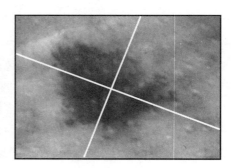

（a）两个轴方向都对称　　　　　　（b）两个轴方向有一个不对称

图 7-1　不对称性

2．B（Borders，边界）

量化边界特征，首先将图像在平面上均匀分割为 8 份（见图 7-2）。在此基础上计算边缘的皮损模式有剧烈变化的份数。皮损模式还未有明确的定义，然而，常选择皮损网络、分支条纹、点状、水珠状或弥散程度为典型的皮损模式。

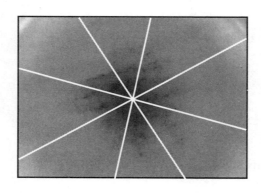

图 7-2　边界模糊性

3．C（Colors，颜色）

这里的颜色包括红色、白色、浅棕色、深棕色、蓝灰色和黑色。当比周围的皮肤颜色都浅些的时候，白色才考虑为特性的一个特征。各种颜色的出现都被量化为 1 分。因此，颜色特征最高为 6 分。皮损区域有 5~6 种不同的颜色是判断该皮损为恶性黑色素瘤的显著线索。

同时，颜色特征也依赖于皮损所属的部位。黑色表示病区位于表皮，它并不总是恶性的指征。当病区位于表皮和真皮的连接区时，常显示出浅棕色和深棕色。灰色表明病区位于真皮层的乳状凸处。红色显示出皮损的生长区。

4．D（Different Structural Components，不同的结构组件）

临床医生常检查皮损网络，包括条纹状分支（不仅在边缘，常分布于整个皮损区域）、无规则纹理、斑点和水珠样块。无规则纹理应该大于整个皮损区域的 10%记 1 分。斑点和条纹状分支在清晰可见的情况下才应考虑打 1 分，而水珠样块则是一种很重要的特征，只要出现，就该考虑。量化特征 D，总分最高为 5 分。

7.1.2 Menzies 打分法

Menzies 打分法包括两个良性指征——模式对称、颜色单一；两种恶性指征——模式非对称、多种颜色；十种活性指征——活性结构、蓝白结构、多个灰色点、伪足、放射性结构、多种颜色（5～6 种）、多个蓝灰点、疤状结构、边缘黑点及水珠样块。皮损网络广泛分布，通过综合判断良、恶性和活性指征，来对肿瘤进行分类。

7.1.3 七点检测法

七点检测法对肿瘤的检测标准分为主要准则和次要准则。

1．主要准则

（1）非典型性皮损网络：皮损区域中有黑色、棕色或灰色的不规则块或线条。

（2）非典型性血管模式：线状或点状的不规则红色血管区域，退化区看不到。

（3）蓝白结构：不规则的混杂的灰蓝、蓝白皮损区域。

2. 次要准则

（1）条纹状不规则性：皮损边缘的伪足、放射状纹理呈现不规则状。

（2）皮损的不规则性：黑色、棕色或灰色无特征结构。

（3）点或水珠状不规则性：黑色、棕色或灰色圆形或椭圆形、多种大小不规则地分布在皮损区域。

（4）病区退化：白色疤状区域或蓝色胡椒状区域。

以上主要准则赋 2 分，次要准则赋 1 分。打分结构小于 3 分的为非恶性黑色素瘤，否则为恶性黑色素瘤。

7.2 白色人种皮损目标的分类识别

关于白色人种皮损目标分类的文献比较多，本节介绍的内容来自 Celebi 等人的研究成果。

7.2.1 特征提取

对于黑色素瘤的诊断，皮损的形状、皮损内部及过渡区域的颜色和纹理等都是判断病变是否为恶性的重要指标。因此研究人员在提取黑色素瘤的特征时都是先将反损划分为几个重要的区，然后在不同的分区及分区之间进行特征提取。Celebi 等人将黑色素瘤目标划分成内皮损、内边缘和外边缘 3 个区域，如图 7-3 所示。特征提取将在这 3 个区域中进行。

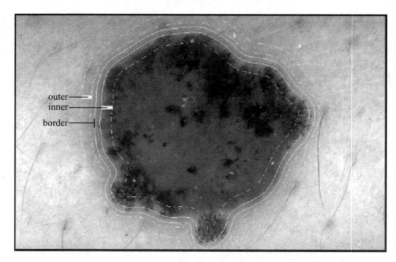

图 7-3　Celebi 对皮损目标划分的 3 个区域

1. 形状特征

形状是黑色素瘤临床诊断的重要特征，这些特征可以总结如下。

（1）面积（A）：皮损区域的面积可以通过计算皮损区的像素个数来表示。

（2）纵横比（A_R）：详见第 5 章。

（3）不对称率（A_1、A_2）：详见第 5 章。

（4）紧密度（C）：皮损区域面积与具有相同周长的圆形面积比值。

（5）最大直径（D_m）：皮损边界上最远的两点之间的距离。

（6）离心率（E）：详见第 5 章。

（7）饱和度：详见第 5 章。

（8）当量直径（D_e）：$D_e = 4A/(D_m\pi)$。

（9）矩形度：皮损区域面积与最小外接矩形面积比（矩形方向和主轴一致）。

（10）延伸率：（9）中的最小外接矩形的长宽比。

2. 颜色特征

颜色特征是在 6 个颜色空间中提取的，包括颜色均值、标准差、颜色不对称性、质心与形心的距离、颜色直方图距离等。6 个颜色空间分别是 RGB、rgb（normalized RGB）、HSV、CIE L*u*v*、I1/I2/I3（Ohta space）和 *l1/l2/l3*。其中，*l1/l2/l3* 的定义为

$$\begin{aligned} l1 &= (R-G)^2 / ((R-G)^2 + (R-B)^2 + (B-G)^2) \\ l2 &= (R-B)^2 / ((R-G)^2 + (R-B)^2 + (B-G)^2) \\ l3 &= (B-G)^2 / ((R-G)^2 + (R-B)^2 + (B-G)^2) \end{aligned} \quad (7.1)$$

现在，我们详细描述各个颜色特征。

（1）均值和标准差

针对 3 个区域（图 7-3 划分的 3 个区域），我们在各个颜色空间的每一个通道上计算颜色的均值和标准差，则有 108 个颜色特征，即

6 个颜色空间×3 个通道×2 个统计值（均值和标准差）×3 个区域

此外，每个区域的各个颜色空间得到的均值和标准差进行下面的处理，即

Outer/inner，outer/lesion，inner/lesion，outer-inner，

outer-lesion，inner-lesion

其中，outer 表示外边缘区域，inner 代表内边缘区域，lesion 表示皮内损区域，一共可得 216 个特征。

以上均值和标准差等颜色特征总共有 108+216=324 维。

（2）颜色不对称性

颜色不对称性的计算方法和形状的不对称性相似，只是在计算重叠面积时，改成计算亮度颜色差值的绝对值累计之和。我们分别在 RGB 3 个空间计算，得到 6 个特征值。

（3）质心与形心的距离

这是一个衡量颜色分布不均匀性的指标。如果将每个颜色通道中的皮损区域看作一个片状物体，其中每个像素值的大小表示物体的密度，由此可以得到这个物体的质心。可以想象当颜色均匀时，则这个片状物体的质心和形心重合，即距离为 0；当颜色分布越不均匀，则质心和形心的距离越远。计算质心和形心位置的方法详见式（5.17）。

对 6 个空间的每一个通道计算皮损目标质心和形心的距离，可以衡量颜色分布的不均匀性。为了克服图像大小变化的影响，要将这个距离除以假想半径来进行归一化，这里假想半径的定义为同皮损区域具有相同面积的圆半径。

对一些皮损图像的实验数据表明，质心与形心的距离能够较好描述目标颜色分布的不均匀性，这样可得到 6×3=18 个特征。

（4）LUV 直方图距离

我们在均匀颜色空间 CIE L*u*v*中用直方图距离来衡量图像的两个区域之间颜色的差异程度。首先对 CIE L*u*v*颜色空间的 3 个通道分别量化到 4×8×8 个箱中，由此对于一个区域将得到一个 256 维的特征向量。计算皮损区、内边缘区和外边缘区的 LUV 直方图，并分别利用 L1 范数和 L2 范数计算 3 个区域之间的相似性，由此得到的特征数量为 6 个。

3. 纹理特征

使用基于灰度共生矩阵（GLCM）的 8 个特征参数来量化黑色素瘤图像的纹理特征。除第 5 章提出的常用的 5 个特征参数外，还有最大概率值、相异度和逆差值。计算灰度共生矩阵时，将彩色图像转换为灰度图进行计算，即只计算图像亮度一个通道的纹理特征。对于灰度级 L 的选取问题，过分增加 L 的大小除了会增加计算量，同时还会使共生矩阵的特征参数区别不同纹理的能力维持不变或降低，我们将 L 定为 64。d 为 1，θ 分别为 0°、45°、90°及 135°，由此得到 4 个表示不同方向的灰度共生矩阵。当计算每一种特征参数时，将分别在 4 个方向上计算求平均，从而使特征值对图像旋转不再敏感。

与计算颜色均值和标准差特征相类似，在计算共生矩阵每一种特征参数的时候，分别计算皮损区、内边缘和外边缘区域的对应值，并计算后三者之间的差和比，由此得到的特征数量为 8×3+8×6=72 个。

最终，我们得到 437 个特征，包括 11 个形状特征、354 个颜色特征和 72 个纹理特征。

7.2.2 基于相关性的特征优选

特征选择的任务是从一组数量为 D 的特征中选择出数量为 d（$D>d$）的一组最优特征来表征样本本身。最简单的特征选择方法是根据专家的知识挑选那些对分类最有影响的特征，另一个可能则是用数学的方法进行筛选比较，来找出最有分类信息的特征。基于相关性的特征选择算法（Correlation-based Feature Selection，CFS）就是属于后者。

CFS 算法是一种简单的启发式过滤算法，根据基于启发式评价函数的相关性对特征子集分级。评价函数偏向于特定的子集，包含和类别高度相关且与其他特征不相关的特征。对于连续变量，CFS 方法用特征子集的得分（$Merit_s$）来衡量其关联度，即

$$Merit_s = \frac{k\overline{r_{cf}}}{\sqrt{k+k(k-1)\overline{r_{ff}}}} \quad (7.2)$$

式中，k 是子集的变量数；$\overline{r_{cf}}$ 是特征子集中所有自变量和目标变量之间相关性的均值；$\overline{r_{ff}}$ 是特征子集中自变量两两之间相关性的均值。

对于连续-离散型变量，则要把连续变量进行离散化处理。若离散化以后的变量分别为 X 和 Y，分别计算其先验信息熵和后验信息熵，即

$$H(Y) = -\sum_{y \in Y} p(y) \log_2 p(y) \quad (7.3)$$

$$H(Y|X) = -\sum_{x \in X} p(x) \sum_{y \in Y} p(y|x) \log_2 p(y|x) \quad (7.4)$$

再计算信息增益（gain），即先验信息熵和后验信息熵的差值，即

$$gain = H(Y) - H(Y|X) = H(Y) + H(X) - H(X,Y) \quad (7.5)$$

之后计算变量之间的均匀不确定度（symmetrical uncertainty），即

$$symmetrical\ uncertainty = 2.0 \times \left(\frac{gain}{H(Y)+H(X)}\right) \quad (7.6)$$

若不确定度越大则相关性越小，反之则相关性越大。最后逐一评估每个特征子集中各个变量之间的相关性，即可得到与目标相关性最大、且变量之间冗余性最小的特征子集。Celebi 选取前 18 个相关性最大特征作为分类器的分类特征。

7.2.3 基于 SVM 的分类器设计

在第 6 章中，我们详细介绍了 SVM 分类器。近年来，由于 SVM 分类器分类结果比较稳定，且实现方式简单，常被应用于机器学习当中。对于黑色素瘤的良、恶性分类，首先针对所有的样本，提取出 7.2.2 节优选出的 18 个特征，然后与 7.2.1 节相同，按照下式进行归一化，即

$$z_{ij} = \frac{(x_{ij} - \mu_j)/(3\sigma_j) + 1}{2} \quad (7.7)$$

式中，x_{ij} 代表第 i 个样本的第 j 个特征；μ_j 和 σ_j 分别是第 j 个特征的均值和标准差。

为了使用 RBF 核，须得到合适的惩罚因子 C 和核参数 γ。一般采用网格搜索的方法，例如，$C \in \{2^{-5}, 2^{-3}, 2^{-1}, \cdots, 2^{15}\}$ 和 $\gamma \in \{2^{-15}, 2^{-13}, 2^{-11}, \cdots, 2^{3}\}$ 组合成多组参数，然后对训练样本利用 SVM 分类器进行训练，得到结果最优的一组参数，再利用这组参数构建最优的 SVM 分类器去对测试样本进行分类，得到分类结果。

Celebi 对 564 个黑色素瘤样本进行分类，其中恶性样本有 88 个，良性样本有 476 个。由于正、负样本个数的不均衡，虽然利用 SVM 分类结果的特异度 97.5%，但是敏感度却只有 24.7%。为了解决这一问题，可以采用少数样本过抽样（Synthetic minority over-sampling technique，SMOTE）的方法对恶性样本进行扩充。SMOTE 方法的主要原理是通过增加少数类别样本特征向量周围的特征达到过抽样的目的。其一般是随机选取被考虑的样本周围 K 个特征向量中的 n 个作为扩充向量，K 一般取为 10。K 个邻近特征向量是通过计算被考虑的样本特征和最近的样本特征之差，随机乘以 0 到 1 之间的数并加上被考虑的样本特征向量获得。该方法比较简单，且能得到较好的分类效果。Celebi 采用该方法将恶性样本扩充至 440 个，最后利用 SVM 分类器分类，其敏感度和特异度分别达到 93.33%和 92.34%。

7.3 黄色人种皮损目标的分类识别

北京航空航天大学图像中心自 2007 年与解放军空军总医院合作，开展黄色人种皮肤镜图像自动分析技术的研究，本节内容来自该课题组的前期研究成果。

7.3.1 特征提取

根据黄种人皮肤黑色素瘤图像的特点,我们将黑色素瘤图像划分为内皮损区、过渡区和背景皮肤区3个部分,如图7-4所示,并针对皮损目标(包括内皮损和过渡区)在RGB彩色空间进行颜色、纹理、形状等特征的提取。

1. 颜色特征

(1)颜色均值和均方差

对皮损目标在RGB彩色空间的每个通道内计算均值和方差,它们包括皮损目标(内皮损区和过渡区)的均值和方差、内皮损区的均值和方差、过渡区的均值和方差。并对每个颜色通道上得到的内皮损和过渡区的均值和方差进行差和比运算,可得到 $n=30$ 个特征,n 的数值由下式得到。

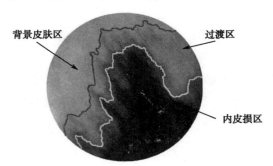

图7-4 黑色素瘤图像的3个区域划分

$n=$ 3通道 $\times$ (3均值+3方差+1均值差+1均值比+1方差差+1方差比) (7.8)

(2)三维直方图颜色数

颜色多样性是评判一个皮损是否恶性的重要指标。然而,前面颜色均值和方差的提取都是在彩色空间单个通道进行的,它把各个通道孤立开来。而实际上,一个图像的颜色多样性却是各个通道相互作用的结果。因此,我们根据式(5.61)得到1个颜色数特征。

(3)LUV直方图距离

根据式(5.53)和式(5.54)计算内皮损区和过渡区直方图之间的距离,可得到的特征数量为2个。

2. 纹理特征

与7.2.1节采用的纹理特征相同,但这里只计算常用的5个特征参数,即能量、熵值、逆差矩、相关性和对比度。在计算共生矩阵 5 种特征参数的时候，分别计算整个皮损目标（包括内皮损区和过渡区）、内皮损区、过渡区的对应值，并计算后两者的差和比，由此得到的特征数量为 25 个。

3．边界特征

在 7.2.1 节提取了皮损的形状特征，但值得注意的是，在临床数据采集中，经常有一些皮损，由于目标过大，导致不能被完全采集，如图 7-4 所示。对于这种情况，目标的形状描述是没有意义的，因此我们放弃了对目标形状特征的提取。为了避免不完整目标对识别结果的影响，有些研究人员直接将目标不完整的皮损图像滤除，而我们则通过定义新的边界特征来对皮损目标进行更有效的描述。

（1）目标边界凹陷率

图 7-5 是两幅皮损目标及其凸包示意图。从图 7-5 中可以看到良性皮损形状趋向于椭圆，边界光滑，凸性较强，向内凹陷的程度小，而恶性皮损则边界不规则，向外凸起或向内凹陷的程度大。将良性和恶性皮损凸包所包含的凹陷区域提取出来，如图 7-6 所示。可以看到，良性皮损的凹区比较细碎，凹陷较浅，而恶性皮损的凹区跨度较大，凹陷较深。因此，我们定义皮损的边界凹陷率 R_{cancave} 为

$$R_{\text{cancave}} = \frac{1}{n}\sum_{i=1}^{n}\frac{\text{RA}_i}{l_i} \qquad (7.9)$$

式中，n 为一个目标所包含凹区的个数；l_i 为第 i 个凹区的跨度；RA 为凹区的面积，具体含义如图 7-6（b）所示。

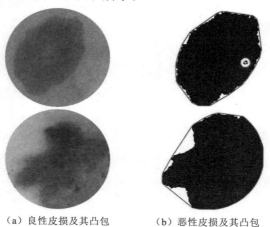

（a）良性皮损及其凸包　　（b）恶性皮损及其凸包

图 7-5　皮损目标及其凸包

（a）图7-5（a）中提取的凹区　　（b）图7-5（b）中提取的凹区

图 7-6　皮损目标的凹区

式（7.11）代表了一个目标所有凹区的平均深度。相对于良性皮损而言，恶性皮损目标的凹区深度较大，其边界凹陷率 R_{cancave} 的值偏大。另一方面，对于皮损目标没有被完全采集的情况，由于目标在图像边界处不会出现凹区，因此该部分数据的丢失不会影响整个目标的边界凹陷率的计算结果，这一点可以从图 7-5 和图 7-6 中得到说明。因此式（7.11）能够适用于目标不被完全采集的情况。

（2）过渡区辐射不均匀度

对于良性皮损而言，其目标与背景皮肤对比度较高，有清晰的边界，过渡区规则，宽度均匀，内外边界形状相似；而恶性皮损与背景皮肤的对比度较小，且过渡区较不规则，内外边界形状相差很大，如图 7-7 所示。假如我们针对每一个外边界像素，去搜索其到内边界的最小距离，则对于皮损目标而言，这些外边界的点到内边界的距离是相近的，而恶性皮损目标的外边界点到内边界的距离则会相差很大。如果将皮损过渡区看作黑色素瘤目标向外辐射的一种状态，则我们用目标的外边界到内边界距离均方差的大小来表征过渡区辐射的不均匀度。

令 Γ_{outer} 和 Γ_{inner} 分别表示外边界和内边界的像素集合，$D(p_i,p_j)$ 表示像素点 p_i 到像素点 p_j 的距离，则外边界上一点 p_i 到内边界的距离为该点到内边界所有点的最小距离，即

$$d_i = \min_j (D(p_i,p_j)), \quad p_i \in \Gamma_{\text{outer}}, \quad p_j \in \Gamma_{\text{inner}} \tag{7.10}$$

则外边界像素点到内边界距离的平均值和均方差分别为

$$m = \frac{1}{n}\sum_{i=1}^{n} d_i \tag{7.11}$$

$$\delta = \sqrt{\frac{1}{n}\sum_{i=1}^{n}(d_i - m)^2} \tag{7.12}$$

式中，n 表示外边界像素点的个数。

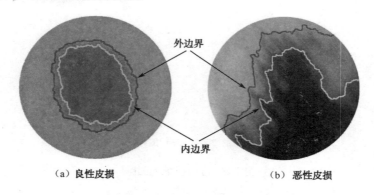

（a）良性皮损　　　　　　　　（b）恶性皮损

图 7-7　皮损目标的内外边界

我们将外边界到内边界的距离均方差即式（7.14）作为衡量皮损过渡区辐射是否均匀的准则，其中距离 $D(p_i, p_j)$ 采用欧式距离公式。式（7.14）表达了皮损目标外边界到内边界距离的分散程度，对于恶性黑素瘤目标，由于过渡区的不规则性，辐射不均匀，因此该值比较大，与之相比，良性黑色素瘤过渡区条带宽度相近，具有均匀的辐射性，其距离均方差值较小。另一方面，式（7.14）是边界像素上的概率统计平均值，可以由皮损过渡区到内皮损和背景皮肤区域的邻接点计算得到，其结果不受外边界是否完整的限制，因此，与边界凹陷率相同，该特征参数同样适用于目标不被完全采集的情况。

以上颜色、纹理和边界特征共 60 个，最后采用式（7.7）对这些特征进行归一化处理。

7.3.2　基于遗传算法的特征优选

用数学的方法进行筛选比较的特征选择方法有两个问题需要解决：一是选择的标准，我们希望选择出的特征有利于分类，对于不同的特征选择方法，须定义不同的类别可分离性准则 J_{ij}，用来衡量在一组特征下第 i 类和第 j 类之间的可分程度；另一个问题就是要找一个较好的搜索算法，以便在允许的时间内找出最优的那组特征，该问题可以由搜索算法来解决。

1．类别可分性准则

特征选择可以被看作一个优化问题，其关键是建立一种评价标准来区分哪些特征组合有助于分类，哪些特征组合存在冗余性、部分或者完全无关。通过反复选择不同的特征组合，采用定量分析比较的方法，判断所得到的特征维数，以及所采用特征是否对分类最有力，这种用一定量来检验分类性能的准则称为类别可分离性判据，用来检验不同特征组合对分类性能好坏的影响。在实际应用中合适的可分离性准则应该满足以下几个要求。

（1）判据应该与错误率（或错误率的上界）有单调关系，这样才能较好地反映分类目标。

（2）当特征独立时，判据对特征应该具有可加性，即 $J_{ij}(x_1, x_2, \cdots, x_d) = \sum_{k=1}^{d} J_{ij}(x_k)$。这里 J_{ij} 是第 i 类和第 j 类之间的可分程度。J_{ij} 越大，两类的分离程度就越大，$x_1, x_2, \cdots, x_d$ 是一系列特征变量。

（3）判据应该具有以下度量特性。

$$J_{ij} > 0, \quad 当 i \neq j$$
$$J_{ij} = 0, \quad 当 i = j$$
$$J_{ij} = J_{ji}$$

（4）理想的判据应该对特征具有单调性，即加入新的特征不会使判据减小，即

$$J_{ij}(x_1, x_2, \cdots, x_d) \leq J_{ij}(x_1, x_2, \cdots, x_d, x_{d+1})$$

下面介绍常用的基于欧氏距离的可分离性判据。

各类样本可以分开是因为它们位于特征空间中的不同区域，显然这些区域之间距离越大类别可分性就越大。令 $\boldsymbol{m}_i$ 为第 i 类的均值向量，$\boldsymbol{d}_i$ 为第 i 类的均方差向量，$\boldsymbol{x}_k^{(i)}$、$\boldsymbol{x}_l^{(j)}$ 分别为 w_i 类和 w_j 类中的 D 维特征向量，$\delta(\boldsymbol{x}_k^{(i)}, \boldsymbol{x}_l^{(j)})$ 为这两个向量间的距离，则各类特征向量之间的平均距离为

$$J_d(x) = \frac{1}{2} \sum_{i=1}^{c} P_i \sum_{j=1}^{c} P_j \frac{1}{n_i n_j} \sum_{k=1}^{n_i} \sum_{l=1}^{n_j} \delta(\boldsymbol{x}_k^{(i)}, \boldsymbol{x}_l^{(j)}) \quad (7.13)$$

式中，c 是类别数；n_i 是 w_i 类中的样本数；n_j 是 w_j 类中的样本数；P_i, P_j 是相应类别的先验概率。

多维空间中两个向量之间有很多种距离度量，在欧氏距离情况下有

$$\delta(\boldsymbol{x}_k^{(i)}, \boldsymbol{x}_l^{(j)}) = (\boldsymbol{x}_k^{(i)} - \boldsymbol{x}_l^{(j)})^{\mathrm{T}} (\boldsymbol{x}_k^{(i)} - \boldsymbol{x}_l^{(j)}) \quad (7.14)$$

用 m_i 表示第 i 类样本集的均值向量为

$$\boldsymbol{m}_i = \frac{1}{n_i} \sum_{k=1}^{n_i} \boldsymbol{x}_k^{(i)} \quad (7.15)$$

用 m 表示所有各类的样本集总平均向量为

$$\boldsymbol{m} = \sum_{i=1}^{c} P_i \boldsymbol{m}_i \quad (7.16)$$

将式（7.16）、式（7.15）、式（7.14）代入式（7.13），得

$$J_d(x) = \sum_{i=1}^{c} P_i \left[\frac{1}{n_i} \sum_{k=1}^{n_i} (\boldsymbol{x}_k^i - \boldsymbol{m}_i)^{\mathrm{T}} (\boldsymbol{x}_k^i - \boldsymbol{m}_i) + (\boldsymbol{m}_i - \boldsymbol{m})^{\mathrm{T}} (\boldsymbol{m}_i - \boldsymbol{m}) \right] \quad (7.17)$$

式（7.17）中的第二项是第 i 类的均值向量与总体均值向量 m 之间的平方距离，用先验概率加权平均后可以代表各类均值向量的平均平方距离为

$$\sum_{i=1}^{c} P_i(m_i - m)^T(m_i - m) = \frac{1}{2}\sum_{i=1}^{c} P_i \sum_{j=1}^{c} P_j(m_i - m_j)^T(m_i - m_j) \quad (7.18)$$

我们应该选择这样的特征 x^*，使 c 个类别各样本之间的平均距离 $J(x^*)$ 为最大，即

$$J(x^*) = \max_{x} J_d(x) \quad (7.19)$$

2．搜索算法

目前，几乎没有解析的方法能够指导特征的选择如何进行。在很多情况下，凭直觉的引导可以列出一些可能的特征表，然后用特征排序方法选择不同特征，利用其结果对表进行删减，从而选出若干最好的特征。但是，这种直接比较的方法对于待选特征较多的特征集来说，效果并不好，因为要比较可能的特征组合比较多，每个都比较一次，几乎是不实际的。因此，就出现了很多其他间接方法来寻找特征次优子集。此处，我们介绍常用的特征搜索算法——遗传算法。

遗传算法（Genetic Algorithms，GAs）是 1975 年美国密歇根大学教授 Holland 提出的，是一种通过模拟生物选择和进化过程的搜索寻优方法，它以其良好的自适应和并行搜索性能，在众多的复杂优化决策和优化设计的应用中都能得到满意的结果。简单而言，它使用了群体搜索技术，将种群代表一组问题解，通过对当前种群施加选择、交叉和变异等一系列遗传操作，从而产生新一代的种群，并逐步使种群进化到包含近似最优解的状态。限于篇幅，本书不对遗传算法的基础理论进行过多介绍，此处只给出基于遗传算法的特征选择的基本步骤。

我们采用二进制编码方式。假设特征总数为 D 个，则染色体是码长为 D 的二进制编码，0 代表该特征未被选中，1 代表该特征被选中。以式（7.13）作为适应度函数，则基于遗传算法的特征选择基本步骤如下。

步骤 1：参数初始化，包括种群规模 m、交叉率 p_c 和初始变异率 p_m，以随机方式生成初始种群 $P(0)$。

步骤 2：计算 t 代种群 $P(t)$ 的染色体适应度 f_i，$i = 1, 2, \cdots, m$，并根据适应度值对染色体进行从大到小排序。

步骤 3：选择、交叉和变异等遗传操作，并采用精英保留策略以保证算法的收敛性。

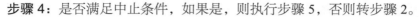

步骤 4：是否满足中止条件，如果是，则执行步骤 5，否则转步骤 2。

步骤 5：解码最优个体，最优个体上编码为 1 的所有序号即为最佳特征组合。

遗传算法是一种随机搜索算法，由于解空间中有可能存在多个极小点情况，因此不同的搜索过程可能得到不同的特征组合。

我们采用基于遗传算法的特征选择方法，最后从 60 个特征中优选出了 15 个特征。

7.3.3 基于组合神经网络的分类器设计

组合模型的泛化能力在很大程度上由个体模型间的相关性决定，相关性越小，组合模型的泛化能力就会越强，反之则越弱。因此，减小相关性是提高组合模型分类性能的关键。从神经网络训练的角度，一般认为，如果各个神经网络训练时收敛到解空间的不同区域即使都是局部最小点，网络个体间差异度较大；相反，如果各个神经网络训练时收敛到解空间的同样或相近的局部最小点，即使精确度都较高也无法保证神经网络集成的性能。因此，研究者提出了许多构建神经网络集成的算法，这些方法可归纳成三大类：第一类是变换训练数据，即通过重新组织训练数据的方法生成网络个体并构建神经网络集成；第二类是改变神经网络特性，即通过改变神经网络结构、训练算法等方法生成网络个体并构建神经网络集成；第三类是变化群体生成方式，即采用不同的策略生成，构建神经网络集成的群体。

本书将 BP 神经网络和模糊神经网络两种不同拓扑结构的网络进行组合集成，从而通过改变神经网络特性的方式来提高神经网络组合集成的性能。

1. BP 网络与模糊神经网络的组合

我们将 BP 网络和模糊神经网络分别进行组合，得到组合 BP 网络和组合模糊网络，并将 BP 网络和模糊神经网络共同组合，可得到组合异构神经网络，如图 7-8 所示。对于组合神经网络的结论输出，此处采用遗传算法对各个子网的输出权重进行优化和学习，最后的决策是各子网组合输出结果。

2. 组合神经网络分类器的集成

普通的神经网络集成采用神经网络作为基本学习分类器，各神经网络的输出组合为网络集成的输出；神经网络组合集成则采用组合神经网络作为基本学习分类器，即神经网络集成的每个个体是一个由若干个神经网络加权组合而成的组合神经网络,各个组合神经网络的输出再通过简单平均或投票多数等方法组合为神经网络集成的输出。在普通的神经网络集成中,要调整各个体的差异度关系则必须对神经网络的结构或内部参数进行调整,这是十分困难的;而在神经网络组合集成中,可以通过对每个个体(组合神经网络)中各神经网络加权系数的调整方便地调节各个体(组合神经网络)之间的差异程度,而不必涉及神经网络内部结构,从而可以方便有效地改善神经网络组合集成的性能。基于这种思想,我们采用神经网络组合集成的思想设计分类器,并采用投票方式决定多个组合神经网络分类器的结论输出。组合神经网络的综合集成如图7-9所示。

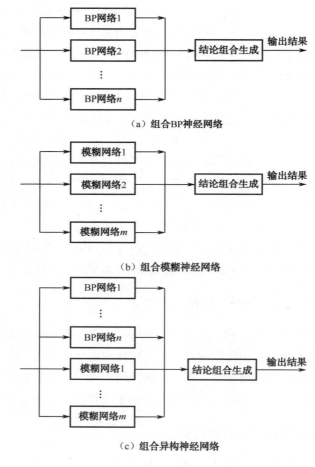

图7-8　3种组合神经网络

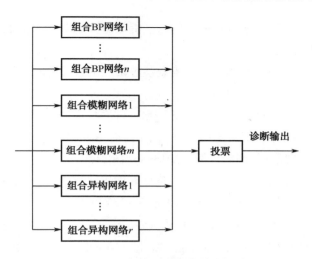

图 7-9　组合神经网络的综合集成

我们对来自解放军空军总医院的 70 幅黑色素瘤图像进行分类实验，其中恶性样本和良性样本各 35 个。对这 70 幅图像提取特征，将颜色多样性、纹理相关性、目标边界凹陷率和过渡区辐射不均匀度等几个具有一定模糊性质的特征作为模糊神经网络的输入，将 7.3.2 节中优选出的 15 个特征作为 BP 神经网络的输入，采用 7 折交叉验证，输入图 7-9 所示的组合神经网络模型进行训练和测试，最后得到 95.2%的敏感度和 96.2%的特异度的分类结果。

本章小结

由于肤色上的差异，导致白色人种和黄色人种皮损在颜色和纹理上的表现会有所不同，因此在特征提取的具体实现上也会有区别。本章分别介绍了白色人种和黄色人种的皮损目标计算机辅助诊断的实例。目前，关于皮损目标分类识别的文献很多，本书介绍了代表性的两种方法，希望通过本章内容，为从事皮肤镜图像分析的科研人员提供一种研究思路。

本章参考文献

[1] 李阳. 皮肤镜图像的多模式分类算法研究[D]. 北京：北京航空航天大学，2016.

[2] 何郢丁. 皮肤镜图像的纹理分析与应用[D]. 北京：北京航空航天大学，2013.

[3] 徐斌. 黑素瘤皮肤镜图像的特征提取与诊断识别[D]. 北京：北京航空航天大学，2008.

[4] 谢凤英. 基于计算智能的皮肤镜黑素细胞瘤图像分割与识别[D]. 北京：北京航空航天大学，2009.

[5] 谢凤英. 皮肤镜图像处理技术[M]. 北京：电子工业出版社，2015.

[6] 谢凤英，李阳，姜志国，等. 基于组合BP神经网络的皮肤肿瘤目标识别[J]. 中国体视学与图像分析，2015 (1): 16-21.

[7] 谢凤英，姜志国，孟如松. 黄色人种皮肤镜图像的自动分析与识别技术[J]. 中国体视学与图像分析，2016 (3): 253-262.

[8] Scharcanski J, Celebi M E. Computer Vision Techniques for the Diagnosis of Skin Cancer[M]. Springer Berlin Heidelberg, 2014:109-137.

[9] Argenziano G, Soyer H P, Giorgi V D, et al. Interactive atlas of dermoscopy[M], EDRA Medical Publishing (http://www.dermoscopy.org),2000.

[10] Xie F, Wu Y, Jiang Z, et al. Dermoscopy Image Processing for Chinese[M]. Computer Vision Techniques for the Diagnosis of Skin Cancer. Springer Berlin Heidelberg, 2014: 109-137.

[11] Meng R, Meng X, Xie F, et al. Early diagnosis for cutaneous malignant melanoma based on the intellectualized classification and recognition for images of melanocytic tumour by dermoscopy[J]. Journal of Biomedical Graphics and Computing, 2012, 2(2): 37-47.

[12] Li Y, Xie F, Jiang Z, et al. Pattern classification for dermoscopic images based on structure textons and bag-of-features model[M]. Image and Graphics. Springer, Cham, 2015: 34-45.

[13] Xie F, Fan H, Li Y, et al. Melanoma classification on dermoscopy images using a neural network ensemble model[J]. IEEE transactions on medical imaging, 2016, 36(3): 849-858.

[14] Stolz W, Riemann A, Cognetta A B, et al. ABCD rules of dermatoscopy: a new practical method for early recognition of malignant melanoma[J]. Eur J Dermatol, 1994,4(7):521-527.

[15] Argenziano G, Soyer H P, Giorgi V D, et al. Interactive atlas of dermoscopy[M], EDRA Medical Publishing (http://www.dermoscopy.org),2000.

[16] Celebi M E, Kingravi H A, Uddin B, et al. A methodological approach to the classification of dermoscopy images[J]. Computerized Medical Imaging

and Graphics, 2007, 31: 362-373.

[17] Hall M A. Correlation-based feature selection for machine learning [D]. Hamilton, NewZealand. The University of Waikato, 1999.

[18] Hall M A, Smith L A. Practical feature subset selection for machine learning [J]. Computer Science, 1998, 98: 4-6.

[19] Chawla N V, Bowyer K W, Hall L O, et al. SMOTE: synthetic minority over-sampling technique[J]. arXiv preprint arXiv:1106.1813, 2011.

[20] Motoyarna H, Tanaka T, Tanka M, et al. Feature of malignant melanoma based on color information[C]. SICE Annual Conference in Sapporo, 2004, 1:230-233.

[21] Menzies S, Crook B, McCarthy W, et al. Automated instrumentation and diagnosis of invasive melanoma. Melanoma Res 1997,7(Suppl. 1):s13.

[22] McGovern T W, Litaker M S. Clinical predictors of malignant pigmented lesions: a comparson of the Glasgow seven-point checklist and the American Cancer Society's ABCDs of pigmented lesions [J]. Dermatol Surg Oncol, 1992,18: 22-26.

第 8 章
基于卷积神经网络的皮肤镜图像分析

采用传统机器学习方法对皮肤镜图像进行分割和分类，所基于的特征大多是低级特征，分类器也是传统的机器学习分类器。传统的机器学习方法所提取的特征需要人工设计，所使用的分类器也是针对小样本数据的，因此泛化能力受到限制。2012 年以来，深度学习作为一种新的机器学习方法开始流行，并逐渐成为计算机视觉和模式识别领域解决问题的强有力工具。因此，基于深度学习的皮肤镜图像分析方法被提出。基于深度学习的皮肤镜图像分析方法是端到端的，其关键在于卷积网络结构和损失函数的设计，本章首先介绍卷积神经网络的基本原理和设计方法，然后从皮肤镜图像的分割、分类和检索等三个方面，介绍基于卷积神经网络的皮肤镜图像分析方法。

8.1 卷积神经网络

8.1.1 卷积神经网络原理

作为深度学习方法的一种，卷积神经网络（Convolutional Neural Networks，CNN）是一种深度前馈人工神经网络。普通神经网络的输入层和隐含层一般都采用全连接，这会导致参数量较大，并且提取的特征不具有空间信息。而卷积神经网络最主要的特点就是采用局部感受野，通过卷积层提取有效的空间信息。此外，局部感受野和权值共享的方法还能大幅度降低参数数量。

1．卷积神经网络的组成部件

一般来说，CNN 的网络结构中包含有数据输入层、卷积层、池化层、全连接层、激活函数层、输出层和损失函数层。

（1）数据输入层：输入一张图像，若输入彩色图像，那么输入数据的大小为 W×H×3，W×H 为图像的分辨率，3 是通道数，即 R、G、B 三通道。

（2）卷积层（Convolutional Layer）：是 CNN 的核心，绝大多数的计算都是由卷积层产生的。卷积层最重要的思想是局部感受野和权值共享。局部感受野使得提取到的特征包含局部信息。卷积层的卷积核数量确定了输入数据经过这层卷积层后得到的特征图数量。而卷积核的大小则确定了局部感受野的大小，即每个神经元只和部分输入神经元相连，这个局部区域的深度和输入数据的深度相同，如图 8-1 所示。

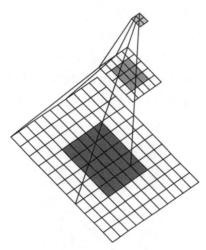

图 8-1　卷积核感受野示意图

卷积运算为利用卷积核在输入的二维数据上滑动计算，并通过激活函数得到最终的计算结果，即特征图。卷积核的值为权重系数，每次卷积计算的过程是将输入数据的每个通道图像和卷积核所对应位置的值进行加权求和并加上偏置项，公式为

$$x_j^l = \sum_{i \in M_j} x^{l-1} * k_{ij} + b_j \tag{8.1}$$

式中，l 指网络的第 l 层，x_j^l 为该层输出的第 j 张特征图，M_j 为该卷积核对应的像素点集，k_{ij} 为该卷积核中的第 i 个参数，b_j 为偏置项。

为了进一步减少参数数量，通常还会采用权值共享的方法，即每个神经元对应的卷积核参数一致。

（3）池化层（Pooling Layer）：也叫下采样层。它通常位于卷积层之后。池化操作是对输入数据进行降采样，以此来减少参数，降低计算量，防止过拟合。此外在一定程度上，特征图也引入了不变性，因为池化滤波器是用一

个值来代替整个窗口,这样可以忽略特征的位置或方向信息,起到关注特征其他内容的作用。池化计算的公式为

$$x_j^l = \text{down}(x_j^{l-1}) \tag{8.2}$$

式中,$\text{down}(x)$为下采样函数,常用的下采样函数为取窗口内的平均值、中间值、最大值等。

(4)全连接层(Fully Connected Layer,FC):通常处于卷积神经网络的最后几层,包括最后的输出层。全连接指的是该层输出的每一个神经元和输入数据的所有神经元相连,图 8-2 为全连接示意图。一般全连接层是为了将特征信息映射到最后输出层的样本标记空间,最终输出该样本每一类的概率,以此对特征进行分类。但是,由于全连接层和输入数据的每一个神经元都相连,而且它不能采用权值共享,因此全连接层的参数非常多。为了减少网络模型的参数,提出了用全局平均池化来代替全连接层。

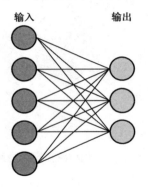

图 8-2 全连接结构

(5)激活函数层:主要目的是引入非线性因素,非线性网络的表达能力比线性网络强很多。激活函数不仅需要满足非线性,还需要满足处处可导、单调性和有限输出范围。最早使用的激活函数是 Sigmoid 函数,但是 Sigmoid 函数有一个缺点,就是导数值较小,尤其在远离 0 的时候,导数接近 0,这会导致在训练过程中很容易产生梯度消失问题。之后 ReLU 函数被提出,即

$$\text{ReLU}(x) = \begin{cases} x, & x > 0 \\ 0, & x \leq 0 \end{cases} \tag{8.3}$$

如图 8-3 所示,当输入大于 0 时该函数输出等于输入,当输入小于等于 0 时该函数输出为 0,这样和神经元的激活机制更为相似。并且它的实际使用效果,与 Sigmoid 函数相比,网络的收敛速度变得更快,并且准确率也会有所提高。

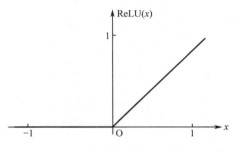

图 8-3　ReLU(x)激活函数

（6）Softmax 输出层：归一化指数函数，即 Softmax 函数，实际上是有限项离散概率分布的梯度对数归一化。经过全连接层的神经元参数范围往往难以确定，这不利于后续网络训练过程中的反向传播计算。因此，在实际应用中常以 Softmax 函数作为神经网络最终的输出层，多用于多分类问题中。

Softmax 函数原理图如图 8-4 所示。函数第一步将模型的预测结果 z 转化到指数函数上，保证输出概率的非负性。为了确保各个预测结果的概率之和等于 1，需要将转换后的结果 e^z 进行归一化处理。随后，将转化后的结果除以所有指数结果之和，即为转化后结果占总数的百分比，从而将多分类输出转化为概率值 y。最终的概率值 y 满足两个条件：预测的概率为非负数；各种预测结果概率之和等于 1。

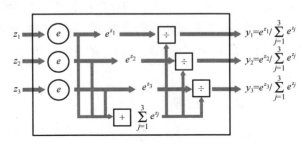

图 8-4　Softmax 函数原理图

（7）损失函数层：是 CNN 的一个关键部分。卷积神经网络常用于监督学习，因此需要损失函数来计算网络模型的期望输出结果和真实输出结果之间的差距，以衡量模型的好坏。CNN 训练过程的核心就是反向传播算法，即根据当前损失进行反向传播，改变每一层参数的值，然后反复迭代，使得损失不断降低，直到最后收敛。

分割任务可以采用骰子系数损失函数（Dice Coefficient）。这种方法受二分类问题的启发，本质思想是计算测试结果与真值间的重合程度，输出范围为 0 到 1，表示从完全不重合到完全重合的过程。训练过程中网络向损失函数缩小的范围进行，所以实际损失函数是骰子系数的补集，其计算公式为

$$\text{loss} = 1 - DC = 1 - \frac{2(A \cap G)}{A + G} \quad （8.4）$$

式中，DC 表示骰子系数，A 表示实际分割结果，G 表示分割真值。在网络训练过程中，根据 loss 减小的方向更新网络参数，使分割结果与真值重合程度越来越高。

分类问题可以采用经典的交叉熵损失函数。交叉熵最初被应用于信息论，目的是描述测试向量与真值向量的距离。实际上，当我们得到一组预测向量后，将向量与真值二值向量进行交叉熵计算。交叉熵越小，则表明它们的概率分布越接近，预测效果越好。通过不断降低交叉熵，神经网络计算得到更合适的参数，二分类交叉熵损失函数为

$$\text{loss} = \frac{1}{n} \sum_{i=1}^{n} [y_i \log(\hat{y}_i) + (1 - y_i) \log(1 - \hat{y}_i)] \quad （8.5）$$

式中，n 表示每个批次中的图像个数，y_i 表示类别真值标签，若原图像为黑色素瘤，则 $y_i = 1$；反之，$y_i = 0$。$\hat{y}_i$ 表示实际的预测概率，范围从 0 到 1。在网络训练中，根据 loss 减小的方向更新网络参数，不断提高正确预测类别的概率。

一般的 CNN 网络结构都将卷积层、池化层和非线性激活函数层顺序连接作为一个整体，交替叠加这种结构，起到提取网络局部特征的作用，最后加几层全连接层，将提取到的特征映射为最终的分类概率或所需要的最终结果。

2．卷积神经网络的训练过程

卷积神经网络与 BP 网络的训练过程大体相似，通过前向传播得到预测值后，再用反向传播算法链式求导，计算损失函数对每个权重的偏导数，然后使用梯度下降法对权重进行更新。卷积神经网络的训练中超参数的选取尤为重要，神经网络的收敛结果很大程度取决于这些参数的初始化，理想的参数初始化方案使得模型训练事半功倍，不好的初始化方案不仅会影响网络收敛效果，甚至会导致梯度弥散或梯度爆炸。

一般的卷积神经网络采用的是有监督学习的方法进行训练，其训练过程如下：

（1）选取训练样本集；

（2）初始化网络各权值和阈值；

（3）从训练样本集中选取一个向量对，输入到网络；

（4）对选取的样本计算其实际输出值，并与理想输出值进行比较，计算出它们的误差值；

（5）利用得到的误差值按极小化误差方法反向传播，调整网络中各权值和阈值；

（6）最后判断网络调整后的总误差 E 与给定的误差阈值 ε 之间的大小，如果 $E \leq \varepsilon$，则进入下一步；如果 $E > \varepsilon$，则网络还没有达到预期目标，需要返回第（3）步继续训练；

（7）训练结束，得到一个学习好的卷积神经网络。

然而，实际应用场景由于各种条件限制，往往缺乏足够多有标注的数据。从头训练的网络需要大量带有标注的图片数据，这将耗费大量物力、人力及时间成本。针对实际场景中资源有限的情况，研究人员提出了迁移学习的方法来训练网络模型。该方法用已训练好的模型参数迁移到新的模型来帮助新模型训练。考虑到大部分数据或任务都存在相关性，迁移学习的训练方法可以利用已经学到的模型参数，加快并优化模型的学习效率，原理如图8-5所示。

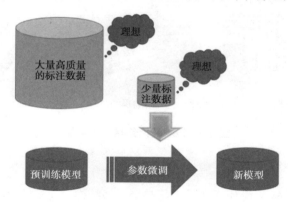

图 8-5 迁移学习在网络训练中的应用

迁移学习是一种新型的模型训练方法，目前已广泛应用在包括医学影像诊断在内的各个领域。在图像数据总量急剧增长而标注数据不足的现状下，通过将大数据训练的模型迁移到小数据上，迁移学习有着强烈的实际需求，其重要性也日益突出。

8.1.2 典型的卷积神经网络模型

卷积神经网络是受生物神经学启发并结合人工神经网络而产生的开创

性研究成果之一。与传统方法相比，卷积神经网络具有适用性强、特征提取与分类同时进行、泛化能力强、全局优化训练参数少等特点，已经成为目前深度学习领域的重要基石。近年来，随着计算能力和硬件性能的提高，卷积神经网络深度不断加深，产生了包括 AlexNet、GoogLeNet 在内的众多典型的网络结构，这些网络在皮肤镜图像的分割和分类中都有良好的表现。下面介绍这几种常见的网络。

1. LeNet

LeNet 于 1994 年被提出，是最早的卷积神经网络之一。图 8-6 展示了 LeNet 的网络结构，其包含输入层在内共有 8 层，每一层都包含多个参数。C 层代表卷积层，通过卷积操作，使原信号特征增强，并降低噪音。S 层代表下采样层，即池化层，利用图像局部相关性的原理，对图像进行子抽样，可以减少数据处理量，同时也可以保留一定的有用信息。F 层代表全连接层，起"分类器"的作用。

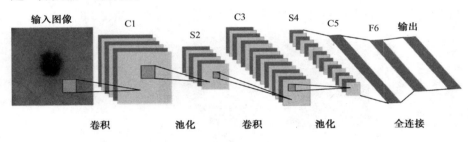

图 8-6　LeNet 网络结构示意图

2. AlexNet

2012 年，Alex 设计了 8 层卷积神经网络结构，卷积核尺寸为 11×11，使用 ReLU 作为激活函数、双并行 GPU 实现网络训练，在 ImageNet 图像类（1000 类，约 128 万张）竞赛上获得冠军，并超第二名十个百分点。网络结构如图 8-7 所示。

第一层卷积网络操作如图 8-8 所示，左方块是输入层，尺寸为 224×224 的 3 通道图像。右边的小方块是卷积核，尺寸为 11×11，深度为 3。每用一个卷积核对输入层做卷积运算，我们就得到一个深度为 1 的特征图。本步卷积使用 48 个卷积核分别进行卷积，因此最终得到多个特征图组成的 55×55×48 的输出结果。

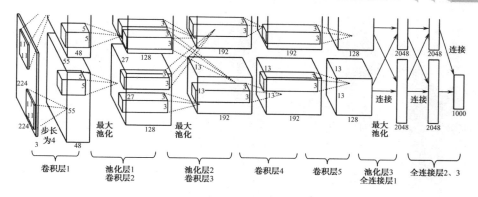

图 8-7 AlexNet 网络结构示意图

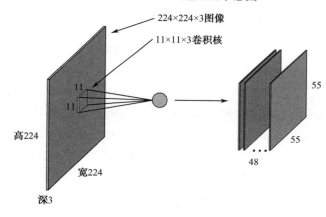

图 8-8 AlexNet 第一层卷积网络操作

因此在 AlexNet 网络中，输入图像长宽像素数均为 224，深度为 3。经过五个卷积层的特征计算，后三层的全连接层将二维特征信息映射到最后输出层的样本标记空间，最终输出该样本每一类的概率，以此对病种进行分类。

3．VGG-Nets

VGG-Nets 是牛津大学 VGG(Visual Geometry Group)提出的，它是 2014 年 ImageNet 竞赛定位任务第一名和分类任务第二名。VGG-Nets 可看成是 AlexNet 的加深版，都采用卷积层加全连接层的结构。根据网络深度的不同，VGG 可以分为 VGG16 和 VGG19，图 8-9 展示了一个 VGG16-Nets 的结构。相比 AlexNet 的结构设计，VGG 采用了连续的几个 3×3 的卷积核代替 AlexNet 中的较大卷积核，在保证具有相同感知野的条件下，提升了网络的深度，在一定程度上增强了网络学习更复杂模式的能力。

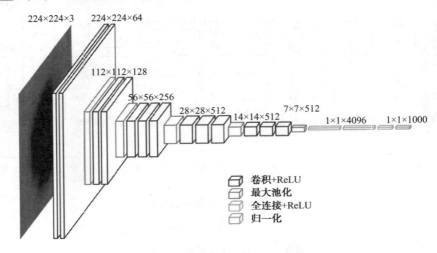

图 8-9　VGG16-Nets 网络结构示意图

4．GoogLeNet

GoogLeNet 在 2014 年的 ImageNet 分类任务上击败了 VGG-Nets 夺得冠军。该网络引入 Inception 结构代替了单纯的卷积激活的传统操作。Inception 是一种网中网（Network in Network）的结构，图 8-10 给出了 v1 和 v3 两个版本的 Inception 结构。可以看到，Inception 结构模块将卷积和池化操作堆叠在一起，最后将相同尺寸的输出特征拼接，一方面增加了网络的宽度，另一方面也增加了网络对尺度的适应性。

原始 GoogLeNet 的整体结构由多个 Inception-v1 模块串联而成，如图 8-11 所示。随着对网络结构进一步地挖掘和改进，Inception 历经多个版本的升级，构成了适用于实际问题的更为复杂的网络结构，在不增加过多计算量的同时，进一步提高了网络的表达能力。

5．ResNet

传统的卷积网络在信息传递的时候会存在信息丢失，同时还会导致梯度消失或者梯度爆炸，从而很深的网络无法训练。深度残差网络（Deep Residual Network，ResNet）直接将输入信息绕道传到输出，保护信息的完整性，整个网络只需要学习输入、输出差别的那一部分，简化学习目标和难度。图 8-12 给出了一个残差学习单元（Residual Unit）的示意图。假定某神经网络的输入是 x，期望输出是 $H(x)$，如果我们直接把输入 x 传到输出作为初始结果，那么此时我们需要学习的目标就是 $F(x) = H(x) - x$。ResNet 相当于将学习目标改变了，不再是学习一个完整的输出 $H(x)$，只输出与输入的差别 $H(x)-x$，即残差，从而达到简化学习难度的目的。

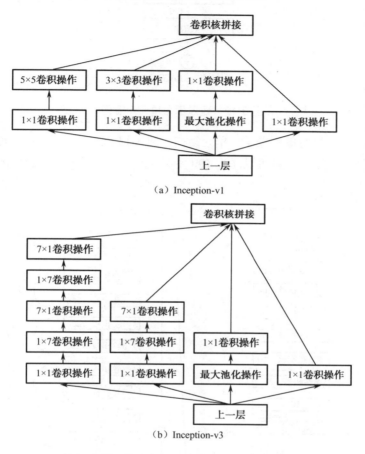

图 8-10 Inception 结构示意图

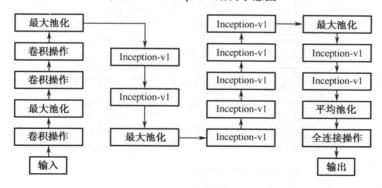

图 8-11 GoogLeNet 网络结构示意图

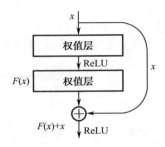

图 8-12 残差学习单元示意图

基于这种独特的残差学习单元结构，图 8-13 展示了一个 34 层的残差网络，在实际问题中层数可以高达 100 多层，大大提高了网络的泛化能力。

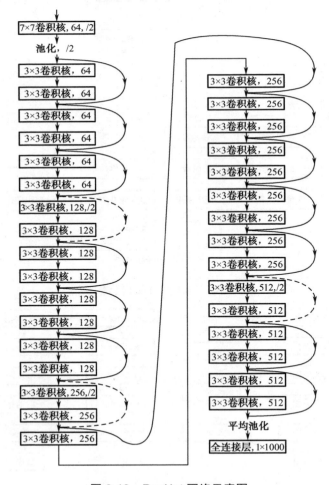

图 8-13 ResNet 网络示意图

6. FCN

FCN（Fully Convolutional Networks，FCN）是图像语义分割中的一个经典网络。通常 CNN 网络在卷积层之后会连接若干个全连接层，将卷积操作所提取的特征图，映射为一个固定长度的向量，例如在分类网络中将其映射为每一类别所属的概率值。而在分割任务中，最终要求输出一张与输入图像尺寸相同的分割结果图，所解决的问题是面对像素级的分类任务，即要求对图像中每个像素所属的类别进行决策。FCN 采用反卷积对最后一个卷积层输出的特征图进行上采样，使它恢复到与输入图像相同的尺寸，从而可以对每个像素产生一个预测，同时保留了原始输入图像中的空间信息，最后在上采样的特征图上进行像素分类。FCN 的模型结构图如图 8-14 所示。

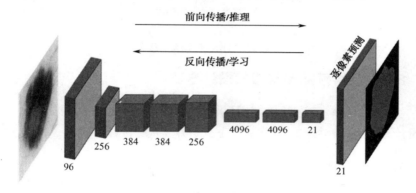

图 8-14　FCN 网络示意图

7. U-Net

U-Net 是一个 U 形语义分割网络，它具有收缩路径和扩展路径。收缩路径的每一步都包含两个连续的 3×3 卷积，然后是 ReLU 非线性层和窗口为 2×2、步长为 2 的最大池化层。在收缩过程中，特征信息增加，空间信息减少。另一方面，扩展路径的每一步都由特征图的上采样和 2×2 的上卷积组成。这会将特征图的尺寸缩小 2 倍。然后将缩减后的特征图与收缩路径中相应的裁剪特征图连接起来。然后应用两个连续的 3×3 卷积运算，以及 ReLU 非线性运算。这样，扩展路径结合特征和空间信息进行精确分割。U-Net 的体系结构如图 8-15 所示。

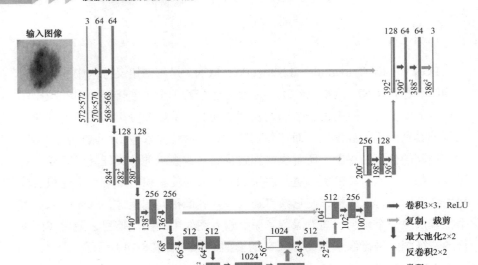

图 8-15 U-Net 网络示意图

8.1.3 卷积神经网络的设计方法

卷积神经网络广泛应用于计算机视觉领域。面对不同的视觉任务，网络的设计方法也各有特点，通常从以下三个方面进行设计。

1. 网络深度

通常增加卷积神经网络的深度，会使得其非线性表达能力提升，从而提升模型的精度。因此，在一般的卷积神经网络的设计中，增加网络的深度是一种提升准确性简单且有效的方式。关于如何选择网络的深度，通常有以下两种做法。

（1）参考一些经典网络

例如 AlexNet、VGG 等，在应用卷积神经网络解决计算机视觉任务时，一般会先选择一个基线（baseline）网络，以此为基础，通过不断地对比实验，来进行网络结构上的调整，选择出性能更优的网络结构，更好地完成该视觉任务。

（2）设计一种或几种卷积模块（block）

一般设计网络多一层或者少一层，对于结果的影响区别不大。这样一层一层的改进调试，显然不是一种好的设计方法，不仅需要反复实验，而且还浪费大量计算资源，效率低下。可以参考 VGG 或 ResNet 网络的设计方式，设计出合适的卷积模块，这些模块是由几种不同的操作组合而成，例如卷积、激活、批量归一化（Batch Normalization, BN）等。然后在设计网络的过程中通过堆叠卷积模块来进行网络的性能测试。通过这样的方式可以避免逐层设计所带来的工作量大、效率低等问题。

2. 多尺度

卷积神经网络通过逐层抽象的方式来提取目标的特征，其中一个重要的概念就是感受野。如果感受野太小，则只能观察到局部的特征，如果感受野太大，则会获取过多的无效信息，因此研究人员一直都在设计各种各样的多尺度模型架构，提取多尺度特征，来提高网络的分类性能。图像金字塔和特征金字塔是两种比较典型的多尺度方法。

（1）多尺度输入网络

顾名思义，就是使用多个尺度的图像输入（图像金字塔），然后将其结果进行融合，传统的人脸检测算法 V-J 框架就采用了这种思路。值得一提的是，多尺度模型集成的方案在提高分类任务模型性能方面是不可或缺的，许多模型仅仅采用多个尺度的预测结果进行平均值融合，就能获得明显的性能提升。多尺度输入的网络结构如图 8-16 所示。

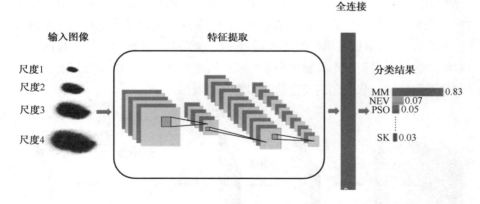

图 8-16 多尺度输入网络示意图

（2）多尺度特征融合

在网络处理阶段，计算不同尺度下的特征图，最后将提取到的特征融合以便进行下游任务。比如 Inception 网络中的 Inception 基本模块，见图 8-10。包括有四个并行的分支结构，分别是 1×1 卷积、3×3 卷积、5×5 卷积、3×3 最大池化，然后对四个通道进行组合。

（3）以上两种的组合

即在设计网络的时候，根据具体任务特点，将各种尺度的图像输入网络进行特征提取，计算各种尺度的特征图，然后再对各种特征进行融合，得到多尺度融合之后的特征，融合后的特征即可用于后续的分割、分类等任务。例如在输入前构建图像金字塔，然后在网络处理阶段使用 Inception 结构进行多尺度特征融合。

在设计网络的时候要根据具体的任务要求和特点来设计网络。在网络性能遇到瓶颈的时候，可以尝试采用多尺度的方法来改进网络。

3．注意力机制

注意力机制（Attention Mechanism）是广泛应用于深度学习领域中的一种方法，该方法也符合人的认知机制。人类在观察一幅图像的时候，会对不同的区域投入不一样的关注度。将注意力机制引入卷积神经网络的设计中，可以使网络表现出更好的性能。常用的注意力机制主要分为空间域、通道域和混合域。

（1）空间域

空间注意力机制将图像中的空间域信息做对应的空间变换，从而能将关键的信息提取出来。空间注意力机制对空间进行掩模（mask）的生成，对像素的重要程度进行打分。典型的空间注意力机制如空间注意力模块（Spatial Attention Module），其结构如图 8-17 所示，该模块对于 H×W 尺寸的特征图，对每个像素学习到一个权重来表示对该像素的注意程度，增大有用的特征，弱化无用特征，从而起到特征筛选和增强的效果。

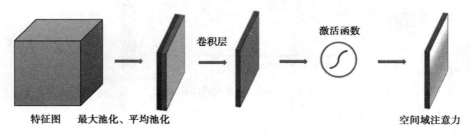

图 8-17 空间域注意力网络示意图

（2）通道域

通道注意力机制（Channel Attention Module）将全局空间信息压缩至一系列通道描述符中，相当于给每个通道上的信号都增加一个权重，以代表该通道与关键信息的相关度，这个权重越大，则表示相关度越高。SENet（Squeeze-and-Excitation Networks）是一种典型的通道注意力机制，其结构如图 8-18 所示。

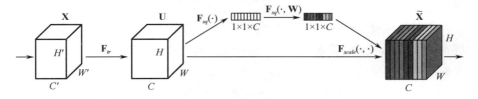

图 8-18 通道域网络示意图

（3）混合域

即将空间和通道相结合的注意力机制。空间域的注意力与通道域的注意力都对网络的性能提升有影响，那么将这两者结合起来也能够起到提升网络性能的作用。代表性的网络结构如 CBAM（Convolutional Block Attention Module）、DANet（Dual Attention Network）等，图 8-19 给出了 CBAM 的结构示意图。

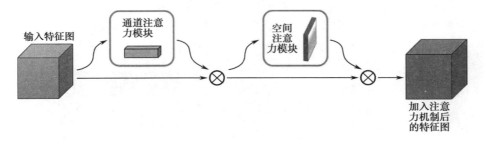

图 8-19 CBAM 结构示意图

在卷积神经网络中引入注意力机制是一种便捷有效的方式。例如 SENet 在 2017 年的 ILSVR 大赛中获得冠军，它仅通过对特征通道间的相关性进行建模，就带来了巨大的提升，并且新引入的计算量也很少。用注意力的方式对特征加以选择，使模型更多地关注重要的特征，弱化不重要特征对模型的影响。

8.2 基于卷积神经网络的图像处理框架

在基于卷积神经网络的图像处理框架中，卷积网络本质上是用来对图像进行特征提取的，网络的后端则是根据图像处理任务的不同，采取不同的输出结构。用于不同任务的图像处理框架关键点在于网络结构和损失函数的设计。以下从分割、分类和检索的角度介绍卷积神经网络图像处理框架。

8.2.1 基于卷积神经网络的图像分割框架

在计算机视觉任务中，图像分割是根据像素的不同性质将数字图像分割成多个区域。与分类任务不同，它通常是面向像素级的视觉任务。图像分割主要有两种类型：语义分割和实例分割。

一般的图像分割网络框架如图 8-20 所示，先将输入的图像输入分割网络中进行特征提取，通常会根据分割任务的特殊性来设计网络，例如引用空洞卷积、编码器-解码器（Encoder-Decoder）模式的网络等。然后将分割结果逐像素输出，也即输出的结果图像与输入图像数据尺寸相同，相当于对每一像素都做分类任务，确定每一像素的所属区域。由于图像分割的输出与输入是相同的尺寸，因此用于分割的特征提取网络通常是高分辨率的网络，比如 8.1.2 节的 U-Net 网络是常用的图像分割网络。

用于训练分割网络的损失函数可以采用骰子系数损失函数，参见 8.1.1 节公式（8.4）。实际用于分割任务的网络通常都是根据具体的图像特点和任务设计的，其所采用的损失函数也会根据网络结构的变化而变化。

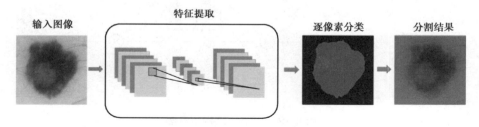

图 8-20　基于卷积网络的图像分割框架示意图

8.2.2 基于卷积神经网络的图像分类框架

利用卷积神经网络处理图像分类任务时，不需要人工提取特征，而是通过卷积、池化等一系列操作对目标图像进行抽象化，提取目标图像的深层隐藏特征，减少了图像特征提取步骤，且能够深度理解图像的语义内容，相比传统的图像分类算法有着较大的优势。目前在一些分类任务中，基于卷积神经网络的技术已经超过了人眼的精度。

基于卷积神经网络的分类框架如图 8-21 所示，首先对输入的图像进行卷积操作提取特征，通过加入激活函数、批量归一化、注意力机制等各种操作，使得提取出来的特征更有效。提取特征之后进行全连接操作。在整个卷积神经网络之中，全连接层起到分类器的作用。通过卷积操作将原始的输入数据映射到特征空间，全连接层再将学到的特征映射到样本标记空间，以完成分类的作用。比如对于 n 分类任务，全连接层输出 n 个数表示输入数据属于每一类的概率。

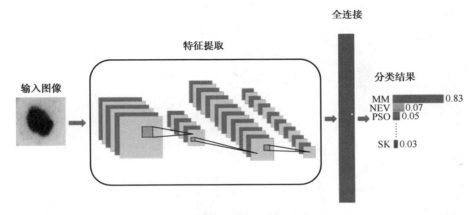

图 8-21　基于卷积网络的图像分类框架示意图

用于训练分类网络的损失函数可以是交叉熵损失函数，参见 8.1.1 节公式（8.5），也可以根据所设计网络重新设计损失函数。

8.2.3　基于卷积神经网络的深度哈希图像检索框架

图像检索是图像分析中的一个重要研究方向。图像检索算法主要采用基于内容的图像检索（Content-based Image Retrieval，CBIR）技术，它对图像进行特征提取，再基于相似性度量函数计算特征间的相似性，实现图像检索。本书主要介绍应用较为广泛的深度哈希图像检索框架。

哈希编码方法是图像检索任务的关键技术之一。哈希编码方法通过某种映射函数将高维特征向量从连续空间映射到低维的离散汉明空间，并保留相似特征向量间的相似性。量化后的二进制哈希码（Hash Code）便于在计算机中构建哈希表数据结构，能够有效缩小检索空间，有利于增加检索速度、提升检索效率。

随着深度学习的发展，通过深度学习网络获得哈希编码的深度哈希方法受到越来越多的关注。首要原因是其强大的学习能力可以学习非常复杂的哈希映射函数，从而得到类间远离、类内紧凑的深度哈希码。其次，深度学习可以实现端到端的哈希编码。卷积神经网络对大规模数据具有强大的学习和泛化能力，深度哈希网络将哈希编码嵌入卷积神经网络中，通过网络训练来学习深度哈希码，使得哈希码富含图像数据的高层特征信息，通常会取得更好的映射效果。目前的深度哈希网络可分为两种，基于分类损失的深度哈希网络和基于图像对损失（Pairwise Loss）的深度哈希网络。它们的基本结构如图 8-22 所示，主要的区别在于不同的最终任务层和相应的损失函数。

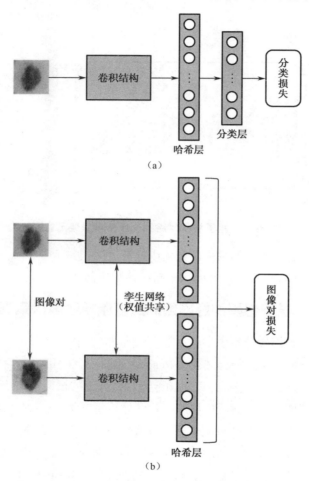

图 8-22　基于卷积网络的深度哈希图像检索框架示意图

图 8-22（a）为基于分类损失的深度哈希网络，它将 CNN 的倒数第二层作为哈希编码层，而最终任务层为分类层，即采用分类损失函数训练网络。它能够基于样本数据的类别标签使得网络倒数第二层提取的特征学习到图像数据的高层语义特征，再对这一层的特征进行离散量化，得到二进制深度哈希码。

而图 8-22（b）则为基于图像对损失的深度哈希网络，它将最终任务层作为哈希编码层,并采用图像对损失来训练网络,由于网络输入为图像对,因此卷积结构部分使用孪生网络。图像对损失通常包含图像对相似性损失(Similarity Loss)和量化损失(Quantization Loss)两项,以使得网络学习输入图像对的相似性并提取量化损失最小的哈希码。基于图像对损失的深度哈希网络可直接将最终任务层的输出离散量化得到二进制深度哈希码。

8.3 基于多尺度特征融合的皮肤镜图像分割

在皮肤镜图像分割任务中,既需要语义信息来辨别皮损和背景,同时又需要细节信息来恢复皮损边界。本节将介绍一种基于多尺度特征融合的皮肤镜图像分割网络(Multi-scale network, MSNet),该网络能够同时利用浅层中的细节信息和深层中的语义信息,从而提取准确的皮损区域。

图 8-23 展示了 MSNet 的网络结构。该网络首先为 1 个 7×7 的卷积层,其步长为 2,接着为一个最大池化层,然后包含 3 个稠密连接块(Dense Block),每个块分别在不同尺度上提取特征。浅层块提取细节特征,能够反映皮损的边界位置等信息;深层块提取语义特征,用于区分皮损区域和背景区域。然后不同块输出的特征图,以级联的方式融合为多尺度特征,最终逐像素分类输出分割结果。

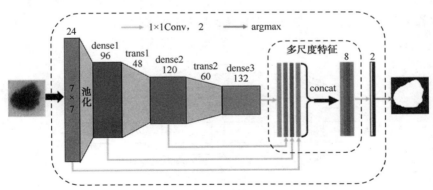

图 8-23 基于多尺度特征融合的皮肤镜图像分割网络(MSNet)

8.3.1 稠密块和过渡块

1. 稠密块

普通卷积神经网络是一种层层堆叠结构,每一层的输入为它相邻上一层的输出,同时该层输出是它相邻下一层的输入。在这种网络结构中,只有相邻层之间存在信息交互，而当前层对于其上一层之前的所有信息都不能利用。因此，前面的层已经学习了某部分特征，而当前层并不能利用，这便有可能造成当前层又重复去学习这一部分特征，出现学习冗余问题。

稠密连接卷积网络（Densely Connected Convolutional Network，DenseNet）中的稠密块结构，其每一层的输出将作为其后面每一层的输入，每一层的输入为其前面所有层的输出合并而来。这种结构使得之前所提取的特征能够在后续层被直接利用，加强了信息交互，避免卷积层重复学习某些特征，降低网络训练难度。另外，不同层中的特征包含不同信息，将前面不同层的输出进行合并，也是一种多尺度特征融合方式。

稠密块的具体结构如图 8-24（a）和（b）所示，每个稠密块包含了 6 个 3×3 的卷积层，由于每一层的输入为其前面所有层的输出合并而来，因此这里每个卷积层输出的通道数仅设为 12，防止特征合并之后通道数太多，消耗太多内存。如图 8-24（b）所示，每一个卷积层前面有一个 BN 层和 ReLU 函数（Rectified Linear Unit，ReLU）。神经网络通常包含很多层数，在训练过程中，网络浅层的参数更新之后，层层传递，会造成网络高层数据的分布发生很大变化，因此网络需要通过不断调整来适应这种新的变化，进而导致训练效率不高，这称为内部协方差偏移（Internal Covariance Shift，ICS）问题。BN 层可以对数据进行归一化，使得每一层数据的均值和方差接近一致，缓解了 ICS 问题，可以加速网络优化。ReLU 函数计算简单，且在大于 0 的范围内一直存在导数值 1，因此有利于梯度下降优化。

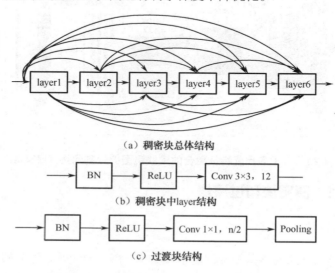

（a）稠密块总体结构

（b）稠密块中layer结构

（c）过渡块结构

图 8-24　DenseNet 中的稠密块和过渡块结构

2. 过渡块

由于稠密块内每一层都存在特征合并，即使每层输出的通道数仅设为 12，特征图的通道数仍然会随着层数增加而快速增多。另外，由于特征合并需要特征图是同样分辨率大小，因此稠密块内不能对特征降维，后续感受野无法增加。所以为了减缓特征图通道数的快速增加，以防止内存消耗增长太快，同时为了实现降维，以增大后续 Block 的感受野，提取语义信息，我们设计了一个过渡块（Transition Block），其结构如图 8-23（c）所示。过渡块包含了一个 1×1 卷积层和一个最大池化层，其中 1×1 卷积层可以对特征图的通道数进行降维，具体缩小为输入通道数的一半。池化层可以对特征图的空间尺寸进行降维，具体步长为 2，可以将输入特征图的宽和高都缩减为原始的一半。本章网络中，除了最后一个稠密块，其他稠密块后面都跟随一个过渡块。

8.3.2 多尺度特征融合

MSNet 的骨干部分包括四个阶段，分别是 7×7 卷积、稠密块 1、稠密块 2 和稠密块 3。网络层次由低到高，所提取的特征包含的细节信息越来越少，语义信息越来越多，最终以图 8-22 中的方式融合四个阶段产生的特征图，从而获得多尺度特征。

由于不同尺度的特征信息存在较大差异，直接使用 Concat 的方式融合，可能会因为特征之间的隔阂而导致融合效果不好。对此，这里让网络四个阶段的特征都经过一个 1×1 的卷积，得到双通道的特征图，其中第一个通道代表网络该阶段预测的背景区域分数图，第二个通道代表该阶段预测的皮损区域分数图，这两个分数图经过一个 Softmax 操作，便可以得到该阶段预测的皮损区域概率图。计算此概率图和真实皮损掩模之间的损失，且让这部分损失也在训练中进行反向传播，这样使得网络各个阶段都能预测皮损，即不同阶段的特征均被映射到输出空间，消除了不同阶段特征之间的隔阂，有利于后续的融合操作。

在多尺度特征融合之前，考虑到四个阶段得到的双通道特征图的尺寸不一致，这里用双线性插值方式，将稠密块 1、2 和 3 得到的双通道特征图分别上采样 2 倍、4 倍和 8 倍，使得所有特征图的尺寸一致，然后进行 Concat 操作，得到一个 8 维的融合特征图。融合特征再经过一个 1×1 的卷积，输出两通道特征图。这个双通道特征图同样会经过一个 Softmax 操作，得到网络最终预测的皮损区域概率图，表示了每个像素属于皮损的概率。

8.3.3 损失函数设计

皮肤镜图像分割是一个像素级别的二分类任务，因此我们这里使用二维交叉熵损失函数来计算分割损失，具体为

$$L = -\frac{1}{WH}\sum_{i=1}^{H}\sum_{j=1}^{W}[y_{ij}\log(\hat{y}_{ij}) + (1-y_{ij})\log(1-\hat{y}_{ij})] \quad (8.6)$$

式中，$\hat{y}$ 代表预测的皮损概率图，y 代表真实的皮损掩模，$y_{ij}=1$ 代表像素 (i,j) 属于皮损，$y_{ij}=0$ 代表该像素属于背景。W 和 H 分别表示宽和高。

训练过程中有两部分损失，首先是网络最后输出部分的分割损失，另外一部分来自网络各个阶段输出的分割损失，因此训练总损失具体表示为

$$L_{\text{all}} = L_{\text{out}} + \lambda \cdot \sum_{i=1}^{4} L_{\text{stage}}^{i} \quad (8.7)$$

式中，L_{out} 表示网络输出部分计算的分割损失，L_{stage}^{i} 表示网络中的阶段 i 输出的分割损失，λ 是表示权重的超参数，用来平衡这两部分损失。

8.3.4 分割实例分析

为了验证 MSNet 方法的有效性，将该方法和其他皮肤镜图像分割方法进行对比，包括 ISBI 2017 皮肤镜图像分割挑战赛上的前五名，以及两种常用的分割网络 FCN 和 U-Net，这七种方法都是基于深度学习的网络。实验在公开数据集 ISBI2017 上进行，该数据集共包含 2000 张训练集图像，150 张验证图和 600 张测试集图像。

图 8-25 为 FCN、U-Net 和该网络 MSNet 的分割示例图，其中第一列为输入图，后面几列中的红线代表真实皮损边界，而蓝线则代表该网络和对比网络预测的皮损边界。可以看出，前两张输入图比较简单，皮损和背景都比较分明。FCN 提取的皮损边界比较平滑，因为它仅使用了中间层和高层的特征来获得输出，而这些特征是低分辨率，已经丢失了较多的空间细节信息。U-Net 和 MSNet 提取的皮损边界比较准确，因为 U-Net 和 MSNet 都利用了低层特征中的空间细节信息。第三张输入图背景复杂，可以看出 FCN 和 U-Net 都将较多噪声错误地预测为皮损，而 MSNet 受噪声干扰小。对于第四张输入图，FCN 和 U-Net 都产生了明显的欠分割，而 MSNet 能提取出更多的皮损，分割结果更好一些。

在 4.8.2 节中，介绍了图像分割的有监督评价指标，主要有 Jaccard 指数 JA、准确率 AC、灵敏感 SE 和特异度 SP。我们在 ISBI2017 分割测试数据集

上进行分割结果的统计,表 8.1 展示了分割结果。参考 ISBI2017 分割比赛中的要求,我们以 JA 值作为主要的分割指标进行对比分析,可以看出 MSNet 取得了最高的 JA 值,分别超过第一、二、三名 0.2%、0.5%和 0.7%,超过 FCN 3.4%,超过 U-Net 1.6%;在敏感度 SE 上,除了 FCN,MSNet 取得了比其他方法更高的 SE 值。上述结果证明了 MSNet 方法能够准确地检测皮损像素,在皮肤镜图像分割任务中具有较好的表现。

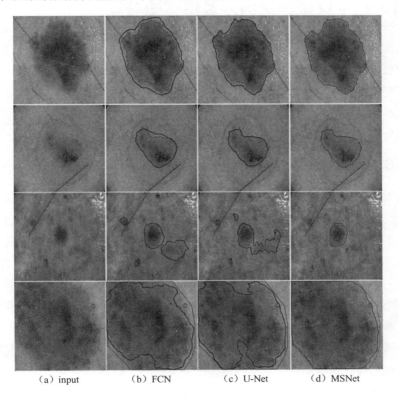

(a) input　　　　(b) FCN　　　　(c) U-Net　　　　(d) MSNet

图 8-25　FCN、U-Net 和 MSNet 的分割示例

表 8.1　MSNet 与其他方法在 ISBI 2017 测试集上的分割结果对比

方法	JA	AC	SE	SP
Yading Yuan (1st)	0.765	0.934	0.825	0.975
Matt Berseth (2nd)	0.762	0.932	0.820	0.978
Popleyi (3rd)	0.760	0.934	0.802	0.985
Euijoon Ahn (4th)	0.758	0.934	0.801	0.984
RECOD Tians (5th)	0.754	0.931	0.817	0.970

续表

方　　法	JA	AC	SE	SP
FCN	0.733	0.927	0.846	0.967
U-Net	0.751	0.927	0.813	0.979
MSNet	0.767	0.936	0.833	0.976

8.4　基于区域池化的皮肤镜图像分类

皮肤肿瘤的良恶性分类是皮损辅助诊断领域的重要研究课题。为了解决该课题中样本数据量小、图像背景复杂、良恶性样本数量悬殊等问题，本节将介绍一种基于区域池化的皮肤镜图像分类方法，通过引入包含分割信息的区域池化层，提升网络的分类准确度，同时采用基于 AUC 的分类器，降低样本分布不均对网络性能的负面影响。

8.4.1　区域池化层设计

对于常规的深度学习分类网络，为了降低网络最后一层全连接层的参数量，设计者通常以图 8-26（a）的方式，对最后一个卷积层输出的特征图做全局平均池化，使得每张特征图的均值作为一个特征点输入最终的全连接分类器。而图 8-26（b）所示的区域池化层则需要两个输入，除最后一个卷积层输出的特征图外，还需要训练一个用于分割的卷积层，该卷积层的训练标签为图像分割真值图，卷积层的分割结果将作为原特征图的掩模用于区域池化，即区域池化层仅对分割结果为皮损的区域计算均值。

与原始全局平均池化相比，区域池化有两个优点：①网络将不仅接收图像的良恶性标签信息，还将得到图像的分割信息，这使得网络从单一任务转变为多任务，网络提取到的特征将具有更丰富的表达能力；②仅在皮损区域取平均与传统方法先分割再提特征的做法类似，能够在数据量较少的情况下，减少背景、毛发和人工标记物的干扰，提高分类准确度。

8.4.2　基于 AUC 的分类器训练

由于不同疾病的发病率差异悬殊，医院采集到的图像数据集往往存在严重的样本分布不均的问题，一些常见病种已经积累上万个病例时，某些病种可能只收集到几十例。许多公开数据集也存在着同样的问题，有时良性黑素瘤图像的数量是恶性黑素瘤图像的 10 倍甚至更多。样本分布的严重不均通常会影响训练得到的分类器的准确性。

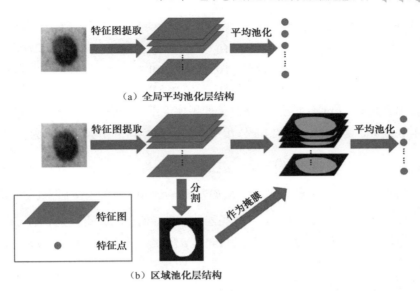

图 8-26 区域池化层结构示意图

为了解决这一问题，一种常用的方法是对占比较少的类别进行数据扩充，如单纯的数据复制法和 SMOTE（Synthetic Minority Oversampling Technique）算法。数据扩充方法的缺点在于增加了样本总量，对于深度学习方法会明显增加训练时间。另一种方法则是使用对样本分布不均不敏感的分类器，例如 SVM 算法，但 SVM 算法在大数据量时训练速度较慢，且与深度学习使用的梯度下降法难以耦合。

对于良恶性分类这个二分类问题，AUC 指标的准确率能够更公平地衡量网络的性能，不受样本分布和分类阈值的影响。从 ROC 曲线上看，AUC 指标代表分类器 ROC 曲线下所覆盖的面积。从概率上看，AUC 指随机从正样本集和负样本集中各取一个样本，正样本的分类得分高于负样本。

卷积神经网络通过梯度下降法训练，显然，AUC 指标无法直接求导生成梯度，本节使用 RankOpt 方法解决这一问题。该方法设计了基于 AUC 值的可求导的损失函数，适用于本文中分类器的训练。我们将恶性样本作为正样本，良性样本作为负样本，令 P 和 Q 分别代表正负样本数量（由于恶性样本数量较少，$P<Q$），$\boldsymbol{x}_i^+$ 为正样本中第 i 个样本的特征向量，$\boldsymbol{x}_j^-$ 为负样本中第 j 个样本的特征向量，则对于线性分类器权重向量 $\boldsymbol{\beta}$，其 AUC 值的计算公式可表示为

$$\mathrm{AUC}(\boldsymbol{\beta})=\frac{1}{PQ}\sum_{i=1}^{P}\sum_{j=1}^{Q}g(\boldsymbol{\beta}\cdot(\boldsymbol{x}_i^+-\boldsymbol{x}_j^-)) \quad (8.8)$$

其中

$$g(x) = \begin{cases} 0, & x<0 \\ 0.5, & x=0 \\ 1, & x>0 \end{cases} \quad (8.9)$$

由于函数 $g(x)$ 不可导，无法直接使用梯度下降法优化权重 $\boldsymbol{\beta}$，因此我们使用 Sigmoid 函数 $s(x) = 1/(1+e^{-x})$ 代替 $g(x)$，替换后的函数可表示为

$$R(\boldsymbol{\beta}) = \frac{1}{PQ}\sum_{i=1}^{P}\sum_{j=1}^{Q} s(\boldsymbol{\beta} \cdot (\boldsymbol{x}_i^+ - \boldsymbol{x}_j^-)) \quad (8.10)$$

由于 $\lim_{|x|\to\infty} s(x) = g(x)$，为了使 $R(\boldsymbol{\beta})$ 尽量逼近 AUC$(\boldsymbol{\beta})$，$\|\boldsymbol{\beta}\|$ 需要尽量大。根据公式（8.8）及公式（8.9），分类器的 AUC 值仅与权重向量 $\boldsymbol{\beta}$ 的方向有关，与其幅值无关。因此我们可以将向量 $\boldsymbol{\beta}$ 限制在一个超球面内，每次迭代仅改变其方向，$\|\boldsymbol{\beta}\|$ 始终保持为一个较大的常数 B，保证 $R(\boldsymbol{\beta})$ 始终逼近 AUC$(\boldsymbol{\beta})$。此时分类器的最佳权重 $\boldsymbol{\beta}_{\text{opt}}$ 可用以下公式表述，即

$$\boldsymbol{\beta}_{\text{opt}} = \arg\max R(\boldsymbol{\beta}), \quad \text{s.t.} \|\boldsymbol{\beta}\| = B \quad (8.11)$$

公式（8.10）对第 k 个权重 β_k 的偏导数为

$$\frac{\partial R(\boldsymbol{\beta})}{\partial \beta_k} = \frac{1}{PQ}\sum_{i=1}^{P}\sum_{j=1}^{Q} s(\boldsymbol{\beta} \cdot (\boldsymbol{x}_{ik}^+ - \boldsymbol{x}_{jk}^-)) \cdot (1 - s(\boldsymbol{\beta} \cdot (\boldsymbol{x}_{ik}^+ - \boldsymbol{x}_{jk}^-))) \cdot (\boldsymbol{x}_{ik}^+ - \boldsymbol{x}_{jk}^-) \quad (8.12)$$

另外，为了保证 $\|\boldsymbol{\beta}\| = B$，我们在每次迭代后都需要将 $\boldsymbol{\beta}$ 的幅值重新缩放为 B，以保证 $R(\boldsymbol{\beta})$ 始终逼近 AUC$(\boldsymbol{\beta})$。

8.4.3 分类实例分析

为了验证使用区域池化层的有效性，本节基于两种常用的分割网络 FCN32 和 resNext，分别比较它们在使用常见的全局平均池化层和本文提出的区域池化层时分类性能的差距。表 8.2 展示了不同池化层的分类性能对比，其中 AVE 和 REG 分别代表全局平均池化层和区域池化层。实验同 8.3.4 节，在公开数据集 ISBI 2017 上进行。

可以看到，对于两种网络来说，使用区域池化层均能够明显提高网络的分类能力。此外，resNext 结构性能总体优于 FCN32，且取得了更高的分类敏感度，更具有临床意义。

表 8.2 各网络结构使用不同池化层分类性能对比

网络结构	敏感度（%）	特异度（%）	准确率（%）	AUC
FCN32+AVE	25.64	94.41	81.00	77.44
FCN32+REG	32.48	93.58	81.67	80.12

续表

网 络 结 构	敏感度（%）	特异度（%）	准确率（%）	AUC
resNext+AVE	52.99	86.96	80.33	79.73
resNext+REG	51.28	89.03	81.67	80.36

为了验证基于 AUC 的分类器的有效性，本节在上述两种网络使用区域池化层的基础上，分别对比了使用传统全连接层 FC 和基于 AUC 分类器的分类性能。表 8.3 的实验结果显示，基于 AUC 的分类器能够显著提高网络分类结果的 AUC 值，减少良恶性种类分布不均对算法临床性能的影响，具有较强的实际应用价值。

表 8.3 不同分类器性能实验

网 络 结 构	敏感度（%）	特异度（%）	准确率（%）	AUC
FCN32+REG+FC	32.48	93.58	81.67	80.12
FCN32+REG+AUC	34.19	93.17	81.67	81.03
resNext+REG+FC	51.28	89.03	81.67	80.36
resNext+REG+AUC	53.84	88.81	82.00	81.57

8.5 基于深度哈希编码的皮肤镜图像检索

皮肤镜图像检索任务的要求是在皮肤镜图像数据库中快速、准确找出与待查询皮肤镜图像相似度较高的一组皮肤镜图像并附带其诊断报告，为医生提供有价值的参考信息。随着卷积网络研究的快速发展，使用卷积网络实现基于深度哈希编码的高鲁棒性皮肤镜图像检索算法正逐渐取代传统使用皮肤镜图像特征的检索算法。本节简要介绍了皮肤镜图像检索流程，之后，从深度哈希原理出发，分别讲解了深度哈希网络以及基于哈希表查询的从粗到精的检索方法。

8.5.1 皮肤镜图像检索流程

皮肤镜图像检索技术是皮肤病计算机辅助诊断研究中的重要方向之一。它能够快速、准确地从皮肤镜图像数据库中检索出一组最为相似的已确诊病例的皮肤镜图像，这组图像及其附属的诊断报告为皮肤科医生提供了重要的参考信息，有助于医生结合历史病例更全面地分析病况，提高诊断准确率。皮肤镜图像不同种皮肤病间相似度高、同种皮肤病多样性广的复杂特点，因此皮肤镜图像的检索任务是一个挑战性很大的研究方向。

基于深度哈希编码的皮肤镜图像检索的计算机辅助诊断分析系统流程，如图 8-27 所示。首先是建库过程，通过训练深度哈希网络，提取每幅皮肤镜图像的深度哈希码，并将图像与其对应的哈希码存入皮肤镜图像数据库中，以待检索。当诊断新病例时，在检索过程中，同样将待检索皮肤镜图像输入训练好的网络模型，以得到待检索图像的深度哈希码。然后将待检索图像的哈希码与皮肤镜图像数据库中各图像的哈希码进行相似性度量并排序。最后，将与待检索图像相似性最大的一组图像返回给皮肤科医生，并附带其诊断报告，即为检索结果。

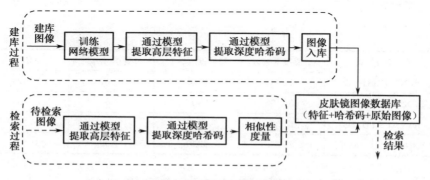

图 8-27　皮肤镜图像检索流程图

8.5.2　深度哈希残差网络

1. 网络结构

在 8.1.2 节中介绍了几种经典的卷积神经网络，其中，残差网络不仅层数深、易于训练，还具有良好的性能。因此，我们可以采用残差网络 ResNet-18 作为学习深度哈希码的基础网络，并参考文献的研究构建具有哈希编码层的深度哈希残差网络 DH-ResNet-18，其网络结构如图 8-28 所示。

从图中我们可以看出，DH-ResNet-18 在基础网络 ResNet-18 的倒数第二层全局平均池化层（Global Average Pooling，GAP）与最终分类任务层 FC 中间，插入了一层全连接层作为哈希编码层（Hashing Layer），该层神经元的个数设置为哈希码的位数，通常可以取 16、24、32 等。哈希编码层之后采用 Sigmoid 激活函数将神经元的输出值限制在范围（0,1）中。

经过 Sigmoid 函数得到的哈希码为连续的哈希编码，该步的结果将直接输入最终的分类任务层，该层的神经元个数为皮肤病类别数。之后，在检索阶段，使用符号函数 sgn，将连续的哈希编码二值化为 1 或 -1，sgn 函数阈值 θ 设置为 0.5。

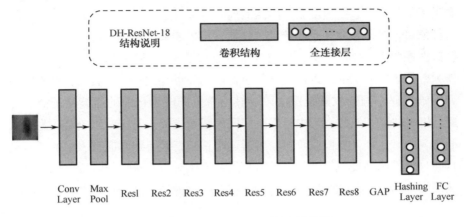

图 8-28　DH-ResNet-18 网络结构图

2．损失函数

深度哈希残差网络 DH-ResNet-18 的最终任务层为分类层，采用多分类加权交叉熵损失函数来训练网络，使其通过学习分类任务而间接学得哈希映射，公式为

$$\text{loss} = \frac{1}{N}\sum_{i=1}^{M}\sum_{c=1}^{M} -\omega_c \times y_{ic} \times \log(p_{ic}) \qquad (8.13)$$

式中，M 代表皮肤镜图像类别数，N 代表每个批次中的图像数目，y_{ic} 代表样本 i 的类别标签，如果样本 i 的真实类别等于 c 取 1，否则取 0，ω_c 代表每类样本损失的权重，p_{ic} 代表网络输出的 Softmax 函数概率，也就是样本 i 属于类别 c 的预测概率。

8.5.3　基于哈希表查找的从粗到精检索策略

图像检索策略应用于图像检索过程，要求算法能够快速准确地在数据库中查询到相似的图片。基于哈希编码的检索算法有两种主要类型：哈希码排名（遍历搜索）和哈希表查找。哈希码排名方法较为简便，通过遍历数据库计算待查询的皮肤镜图像与数据库中每张皮肤镜图像哈希码之间的距离，选择距离相对较小的一组皮肤镜图像作为检索结果。这种方法计算量较大，导致查询时间较长，检索效率降低。哈希表查找的主要思想是利用哈希表数据结构减少两张皮肤镜图像距离计算的次数，从而减少计算量，节约查询时间，提高检索效率。

本节介绍一种基于哈希表查找的从粗到精检索策略，相较传统方法能够较大缩短检索时间，提升检索效率。将 DH-ResNet-18 哈希编码层 Sigmoid 激活函数的输出，作为皮肤镜图像的连续特征向量，并通过 sign 函数对连续特征值进行离散量化得到相应的二进制深度哈希码。然后，基于哈希码将皮肤镜图像数据库中的图像构建成哈希表数据结构，如图 8-29 所示。将哈希码作为键值（Key Value），每个键值所对应的地址存放一个链表头，链表的内容为哈希码相同的皮肤镜图像以及其哈希码离散量化前的连续特征值。之后，将皮肤镜图像数据库中哈希码相同的图像均放入对应的以哈希码为键值的链表中。这样，在检索阶段，可通过哈希码直接得到对应链表中的所有具有同一哈希码的皮肤镜图像，无须采用遍历比对的方法查找哈希码相同的皮肤镜图像，能够有效地缩小检索空间，对图像查找的速度有显著的提升作用。

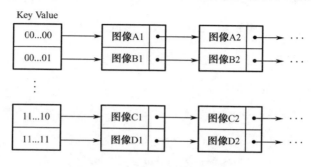

图 8-29　哈希表数据结构示意图

该检索策略为分段式的检索方式，分为粗检索阶段和精检索阶段。具体检索步骤如下。

（1）粗检索阶段

粗检索阶段是根据待检索的皮肤镜图像的哈希码，通过哈希表结构直接得到皮肤镜图像数据库中与待检索图像哈希码的汉明距离不大于 2 的图像子类，作为粗检索阶段的结果。汉明距离公式为

$$d_{\text{hamming}}(\boldsymbol{x}, \boldsymbol{y}) = \sum_{i=1}^{m}(\boldsymbol{x}_i \oplus \boldsymbol{y}_i) \qquad (8.14)$$

式中，m 为哈希码位数，$\boldsymbol{x}$ 和 $\boldsymbol{y}$ 为二进制哈希码。

（2）精检索阶段

将待检索图像的哈希码量化前的连续特征向量与粗检索阶段的检索结果中的皮肤镜图像一一比对，计算特征向量的相似性，相似性度量函数采用式（8.15）所示的余弦距离函数，即

$$d_{\text{cosine}}(\boldsymbol{h}_i, \boldsymbol{h}_j) = \frac{\boldsymbol{h}_i \cdot \boldsymbol{h}_j}{\|\boldsymbol{h}_i\| \cdot \|\boldsymbol{h}_j\|} \qquad (8.15)$$

式中，$\boldsymbol{h}_i$ 和 $\boldsymbol{h}_j$ 代表连续哈希码，两特征向量间的余弦距离越小，则相似性越高。最后，通过排序得到相似性最高的若干幅皮肤镜图像作为精检索阶段的结果，即最终的检索结果。

8.5.4 检索实例分析

1. 评价指标

为评估皮肤镜图像检索算法的性能，常用的评价指标主要有以下几种。

（1）平均检索准确率（Mean Average Precision，mAP）

平均检索准确率是最常用的用来评估检索算法整体性能的评价指标，其公式为

$$\text{mAP}@k = \frac{1}{M}\sum_{c=1}^{M}\frac{1}{|Q_c|}\sum_{i=1}^{|Q_c|}\frac{TP_i}{TP_i+FP_i}(TP_i+FP_i=k) \qquad (8.16)$$

式中，M 为皮肤镜图像类别数，k 为检索到的相似度排名前 k 名的皮肤镜图像数目，Q_c 为真实类比为 c 的待查询样本的集合，$|Q_c|$ 表示待查询样本的数目，TP 与 FP 来源于混淆矩阵，混淆矩阵表如表 8.4 所示。

表 8.4 混淆矩阵表

皮肤镜图像标签	皮肤镜图像检索标签匹配结果	
	TRUE	FALSE
TRUE	True Positive (TP)	False Negative (FN)
FALSE	False Positive (FP)	True Negative (TN)

（2）平均倒数排名（Mean Reciprocal Rank, mRR）

平均倒数排名为使用待检索图像查询后的结果中第一个正确样本的位置倒数的类别平均值，其公式为

$$\text{mRR}@k = \frac{1}{M}\sum_{c=1}^{M}\frac{1}{|Q_c|}\sum_{i=1}^{|Q_c|}\frac{1}{\text{rank}_i} \qquad (8.17)$$

式中，rank_i 表示在检索第 i 个待查询图像时，返回结果中第一个正确答案的排名。

（3）平均检索时间（Mean Time，mT）

性能优异的皮肤镜图像检索算法不仅需要有较高的 mAP 和 mRR，同时

其检索速度也应该更快。因此，可以使用平均检索时间评价算法检索效率，其公式为

$$\mathrm{mT} = \frac{1}{N}\sum_{i=1}^{N} t_i \qquad (8.18)$$

式中，N 为待查询图像数目，t_i 为查询每张图像所花费时间。

综合来说，较优的皮肤镜图像检索算法应具有较高的 mAP@k 和 mRR@k，以及较低的 mT。

2．检索实例

我们使用皮肤镜图像数据集训练并测试了 DH-ResNet-18 的检索性能，并用介绍的评价指标对算法进行评价。实验数据集由北京协和皮肤科提供，共有 7976 幅皮肤镜图像，包含 8 类常见皮肤镜，分别为：基底细胞癌（Basal Cell Carcinoma，BCC）、色素痣（Nevi，NEV）、湿疹（Eczema，ECZ）、银屑病（Psoriasis，PSO）、脂溢性角化病（Seborrheic Keratosis，SK）、脂溢性皮炎病（Seborrheic Dermatitis，SD）、恶性黑色素瘤（Malignant Melanoma，MM）、扁平苔藓（Lichen Planus，LP）。按病例数比例 3∶1∶1 将数据集划分为训练集、验证集和测试集，并采用裁切扩充法将训练集中的皮肤镜图像扩充为原来的五倍。

在训练集上训练网络 DH-ResNet-18，并建立皮肤镜图像数据库。在测试集上进行检索，将精检索阶段中最相似的 10 幅皮肤镜图像作为最终的检索结果。表 8.5 展示了在不同位数哈希编码下的各项评价指标，可以看出，当编码位数取 16 时，能够取得较优的检索性能。

表 8.5　不同位数哈希编码下的各项评价指标

编码位数	平均检索准确率（%）	平均倒数排名（%）	平均检索时间（s）
4	57.72	56.58	0.2818
8	62.54	62.94	0.0869
16	63.52	64.02	0.0551
24	57.74	57.76	0.0521
32	56.03	56.03	0.0408
48	51.40	51.40	0.0367

本章小结

相比于传统的机器学习方法，用卷积神经网络进行皮肤镜图像分析能获得更好的性能。本章从分割、分类和检索等三个方面，介绍皮肤镜图像分析的方法。这些分析方法是皮肤镜图像计算机辅助诊断中比较典型的技术，可以供相关研究者参考。

本章参考文献

[1] 宋雪冬. 基于卷积神经网络的皮肤镜图像检索算法研究[D]. 北京：北京航空航天大学宇航学院，2020.

[2] 杨加文. 皮肤镜图像分割算法研究[D]. 北京：北京航空航天大学宇航学院，2019.

[3] 范海地. 皮肤镜图像黑素瘤分类算法研究[D]. 北京：北京航空航天大学宇航学院，2018.

[4] 刘洁，邹先彪. 实用皮肤镜学[M]. 北京：人民卫生出版社，2021.

[5] 谢凤英，宋雪冬，姜志国. 一种基于端到端深度哈希的皮肤镜图像检索方法：CN, 109840290A[P]. 2019.

[6] Glorot X, Bordes A, Bengio Y. Deep sparse rectifier neural networks[C]. Proceedings of the fourteenth international conference on artificial intelligence and statistics. JMLR Workshop and Conference Proceedings, 2011: 315-323

[7] LeCun Y, Bottou L, Bengio Y, et al. Gradient-based learning applied to document recognition[J]. Proceedings of the IEEE, 1998, 86(11): 2278-2324.

[8] Krizhevsky A, Sutskever I, Hinton G E. Imagenet classification with deep convolutional neural networks[J]. Advances in neural information processing systems, 2012, 25.

[9] Simonyan K, Zisserman A. Very deep convolutional networks for large-scale image recognition[J]. arXiv preprint arXiv:1409.1556, 2014.

[10] Szegedy C, Liu W, Jia Y, et al. Going deeper with convolutions[C]. Proceedings of the IEEE conference on computer vision and pattern recognition. 2015: 1-9.

[11] He K, Zhang X, Ren S, et al. Deep residual learning for image recognition[C]. Proceedings of the IEEE conference on computer vision and

pattern recognition. 2016: 770-778.

[12] Ronneberger O, Fischer P, Brox T. U-net: Convolutional networks for biomedical image segmentation[C]. International Conference on Medical image computing and computer-assisted intervention. Springer, Cham, 2015: 234-241.

[13] Hu J, Shen L, Sun G. Squeeze-and-excitation networks[C]. Proceedings of the IEEE conference on computer vision and pattern recognition. 2018: 7132-7141.

[14] Woo S, Park J, Lee J Y, et al. Cbam: Convolutional block attention module[C]. Proceedings of the European conference on computer vision (ECCV). 2018: 3-19.

[15] Fu J, Liu J, Tian H, et al. Dual attention network for scene segmentation[C]. Proceedings of the IEEE/CVF conference on computer vision and pattern recognition. 2019: 3146-3154.

[16] Huang G, Liu Z, Laurens VDM, et al. Densely connected convolutional networks[C]. Proceedings of the IEEE conference on computer vision and pattern recognition. 2017: 4700-4708.

[17] Ioffe S, Szegedy C. Batch normalization: Accelerating deep network training by reducing internal covariate shift[J]. arXiv preprint arXiv:1502.03167, 2015.

[18] Nair V, Hinton G E. Rectified linear units improve restricted boltzmann machines[C]. Proceedings of the 27th International Conference on Machine Learning, 2010: 807-814.

[19] Codella N C F, Gutman D, Celebi M E, et al. Skin lesion analysis toward melanoma detection: A challenge at the 2017 international symposium on biomedical imaging (isbi), hosted by the international skin imaging collaboration (isic)[C]. 2018 IEEE 15th international symposium on biomedical imaging (ISBI 2018). IEEE, 2018: 168-172.

[20] Chawla N V, Bowyer K W, Hall L O, et al. SMOTE: synthetic minority over-sampling technique[J]. Journal of artificial intelligence research, 2002, 16: 321-357.

[21] Herschtal A, Raskutti B. Optimising area under the ROC curve using gradient descent[C]. Proceedings of the twenty-first international conference on Machine learning. ACM, 2004: 49.

[22] Long J, Shelhamer E, Darrell T. Fully convolutional networks for semantic segmentation[C]. Proceedings of the IEEE Conference on Computer Vision and Pattern Recognition. 2015: 3431-3440.

[23] Xie S, Girshick R, Dollár P, et al. Aggregated residual transformations for deep neural networks[C]. Computer Vision and Pattern Recognition (CVPR), 2017 IEEE Conference on. IEEE, 2017: 5987-5995.

[24] Pandey A, Mishra A, Verma V K, et al. Stacked adversarial network for zero-shot sketch based image retrieval[A]. Proceedings of the IEEE/CVF Winter Conference on Applications of Computer Vision[C]. 2020: 2540-2549.

[25] Lin K, Yang H F, Hsiao J H, et al. Deep learning of binary hash codes for fast image retrieval[C]. 2015 IEEE Conference on Computer Vision & Pattern Recognition Workshops (CVPRW). IEEE, 2015:27-35

[26] Zhang Y, Xie F, Song X, et al. Dermoscopic image retrieval based on rotation-invariance deep hashing[J]. Medical Image Analysis, 2021: 102301.